RAL·NEU 研究报告 No. 0020

新一代 TMCP 条件下热轧钢材组织性能调控基本规律及典型应用

轧制技术及连轧自动化国家重点实验室
（东北大学）

北 京
冶 金 工 业 出 版 社
2015

内 容 简 介

本研究工作报告介绍了东北大学轧制技术及连轧自动化国家重点实验室在以超快速冷却技术为核心的新一代 TMCP 条件下组织性能调控基本规律及应用方面的最新进展。报告主要介绍了新一代 TMCP 条件下的奥氏体组织细化和奥氏体应变诱导析出控制技术，以及新一代 TMCP 的细晶强化、析出强化和相变强化控制技术，最后介绍了典型工业化应用情况。

本报告可供冶金、材料、机械、交通、能源等部门的科技人员及高等院校有关专业师生参考。

图书在版编目(CIP)数据

新一代 TMCP 条件下热轧钢材组织性能调控基本规律及典型应用/轧制技术及连轧自动化国家重点实验室(东北大学) 著. —北京：冶金工业出版社，2015. 12

(RAL · NEU 研究报告)

ISBN 978-7-5024-7116-3

Ⅰ. ①新… Ⅱ. ①轧… Ⅲ. ①热轧—钢筋—研究 Ⅳ. ①TG335. 6

中国版本图书馆 CIP 数据核字（2015）第 316522 号

出 版 人 谭学余

地　　址 北京市东城区嵩祝院北巷 39 号 邮编 100009 电话 (010)64027926

网　　址 www. cnmip. com. cn 电子信箱 yjcbs@ cnmip. com. cn

策　　划 任静波 责任编辑 卢 敏 李培禄 美术编辑 彭子赫

版式设计 孙跃红 责任校对 卿文春 责任印制 牛晓波

ISBN 978-7-5024-7116-3

冶金工业出版社出版发行；各地新华书店经销；三河市双峰印刷装订有限公司印刷

2015 年 12 月第 1 版，2015 年 12 月第 1 次印刷

169mm×239mm；8. 75 印张；137 千字；121 页

51. 00 元

冶金工业出版社 投稿电话 (010)64027932 投稿信箱 tougao@cnmip. com. cn

冶金工业出版社营销中心 电话 (010)64044283 传真 (010)64027893

冶金书店 地址 北京市东四西大街46 号(100010) 电话 (010)65289081(兼传真)

冶金工业出版社天猫旗舰店 yjgycbs. tmall. com

(本书如有印装质量问题，本社营销中心负责退换)

研究项目概述

1. 研究项目背景与立题依据

当代社会发展所面临的主要矛盾是资源枯竭与经济的可持续发展。我国钢铁产业的发展目前正面临资源匮乏（如铁矿石60%以上依赖进口）、环境和自然生态不堪重负等严重问题，“资源节约、环境友好、性能质量优良”即资源节约型高性能钢铁产品的开发是当前钢铁技术发展必须解决的一个主要问题。如何通过工艺技术、关键装备和生产流程的优化和创新，最大限度发挥轧制、轧后冷却和热处理等生产环节对钢铁材料强韧化机制和性能的调控作用，尽量减少对合金元素的消耗，减轻环境负荷，是实现钢铁材料本身的节约化和“产品生产-使用-循环”全生命周期的减量化的基础。

控制轧制与控制冷却（Thermomechanical Control Process，TMCP）工艺是保证钢材强韧性的核心技术。它的基本冶金学原理是，在再结晶温度以下进行大变形来实现奥氏体晶粒的细化和加工硬化，轧后采用加速冷却，实现对处于硬化状态的奥氏体相变进程的控制，获得晶粒细小的最终组织。实现这种工艺的前提是提高钢中微合金元素含量或进一步提高轧机能力。此外，传统TMCP技术生产高强钢厚板时，需要提高钢中合金元素含量或进行轧后离线热处理，否则无法突破强度和厚度规格的极限。热轧钢铁材料的相变主要在轧后冷却过程中完成，它是调控最终组织性能的主要手段。因此，为实现节约型高性能钢材的生产，必须对轧后冷却技术进行创新以实现冷却路径和冷却速率的优化控制，使成分简单的钢铁材料能够具备满足多样化要求的性能指标。

为弥补传统控制冷却技术的不足，国外先进钢铁企业相继开发出了热轧板带和中厚板轧后超快速冷却技术（Ultra Fast Cooling-UFC、CLC-μ或Super-OLAC）。它们的共同特点是，与传统层流冷却相比，可有效打破汽膜，实现对热轧钢板进行高效率、高均匀性的冷却，3mm厚钢板冷却速度可达

400℃/s，50mm 厚中厚板冷却速度可达 20℃/s，超快冷条件下的冷却速度是传统层流冷却条件下的 2 倍以上，在实现高冷却速度的同时，可避免因冷却不均匀而产生的残余应力，大幅提高热轧钢板在实际应用中的性能，而材料成本和生产过程中的各类消耗则大幅度降低。超快速冷却技术不仅丰富轧后冷却路径控制手段，而且会产生很多新的钢材强韧化机理。因此，开展超快速冷却条件下的热轧钢材各种物理冶金学规律的深入研究，将对钢材生产产生重大意义，采用传统 TMCP 来提高钢材性能的技术理念正在被应用轧后超快速冷却的新一代 TMCP 技术所取代。然而，由于国外轧钢领域对新技术一向采取严密封锁的政策，而国内这方面又缺乏必要的研究准备，导致在发挥新一代 TMCP 技术优势来调控钢材组织性能方面还没有相应的理论支撑，为实现轧后钢板的显微组织的精细控制带来了困难。因此，开展以超快速冷却为核心的新一代 TMCP 条件下钢材显微组织结构演变机理和精细控制的研究既有理论意义又有紧迫的现实意义。

2. 研究进展与成果

我国正处在后工业化进程中，钢铁工业作为支柱性产业，对促进国民经济的发展具有重要作用。但与发达国家相比，我国钢铁行业在资源节约和环境友好的工艺技术与产品的研发及应用均明显落后，高技术含量、高附加值产品比例明显偏低。因此，迫切需要开发并应用资源节约型高品质钢材。

热轧结构钢占钢材总量的 80% 以上，广泛应用于国民经济的各个领域，而控制轧制和控制冷却技术是保证热轧钢材强韧性的核心，因此是钢铁生产流程中最具创新活力的领域之一，也是实现资源节约型高品质钢材开发和应用的基础。长期以来，传统 TMCP 技术一直以“添加微合金元素和低温大压下”为核心，但其提升钢材性能的空间已受到极大限制。

为了进一步发掘钢材潜力、克服传统 TMCP 的局限性，日本、美国及德国等工业发达国家开始研发并应用以轧后超快速冷却技术为核心的控轧控冷（新一代 TMCP）技术。但有关新一代 TMCP 下的物理冶金原理尚不明确，这成为进一步提升钢材品质的主要障碍。另外，发达国家的钢铁企业均将 TMCP 技术视为企业生存的命脉而加以保护。因此，我国钢铁行业为真正实现资源节约型高品质产品的生产，必须开发具有自主知识产权的相关技术。

（1）通过系统研究以超快冷为核心的新一代 TMCP 控制技术，明确了新一代 TMCP 工艺条件下的物理冶金学原理，开发出具有自主知识产权的新一代 TMCP 生产技术体系。

1）系统阐述了新一代 TMCP 工艺在细化组织中的作用规律及机理。在奥氏体向铁素体相变过程中，增大过冷度可以细化铁素体/珠光体晶粒。连续冷却相变时，冷却速率的高低影响相变时过冷度的大小，冷却速率越大，过冷度越大，因此增加相变过程中的冷却速率，充分发挥超快冷在相变区过程中细化晶粒的作用，可以大幅度提高钢材的强韧性。

2）对比研究了常规层流冷却工艺和 UFC 工艺条件下的沉淀析出规律，阐明了新一代 TMCP 工艺在细化沉淀粒子中的作用规律及机理。

在新一代 TMCP 中，使用超快冷技术可抑制碳氮化物在高温奥氏体中的沉淀析出，使更多的微合金元素在奥氏体中保持固溶状态，进入到铁素体相变温度范围内，形成尺寸在 2~10nm 的微细弥散析出相，可以大幅度提高钢材的强韧性。

3）研究了新一代 TMCP 条件下奥氏体状态演变规律与调控方法研究，提出了与轧后超快速冷却相适应的最优控制轧制工艺。

系统研究了控轧控冷工艺参数对奥氏体组织细化的影响规律，阐明了超快速冷却调控奥氏体状态的机理。研究发现，轧后采用超快速冷却，为适当提高轧制温度提供了可能性，缩短了轧制过程中的待温时间，使轧制时间节约 2~4min；避免了低温大压下，使轧制力降低 34%~46%；并且减少了微合金元素的应变诱导析出。

4）开发出可实现高强度与高韧性最佳组合的贝氏体相变控制技术，阐明了超快速冷却提高热轧钢材强韧性的机理。

采用超快速冷却，可有效细化 M/A 岛、促进大取向差板条贝氏体的形成、抑制碳的配分、提高大角晶界比例。采用“超快速冷却→400℃→空冷”的冷却路径，可获得高强韧性，其屈服强度高达 876MPa，韧脆转变温度低于 -60℃。

（2）采用节约型成分设计路线，合金元素的用量与常规产品相比降低 20%以上，综合运用新一代 TMCP 生产技术，系统研究了节约型低合金、船板、高强工程机械用钢、高性能桥梁用钢和建筑用钢的超快冷工艺，并成功推广应用于海洋工程用钢、高等级管线用钢、水电和储油罐用钢等钢种。

通过与国内外同类产品的合金成本、生产工艺技术先进性及产品使用性能指标对比，本项目所开发的新技术实现了高精度、稳定化控制，所开发的新产品实现了节约型和减量化，产生了显著的经济效益，具有很强的市场竞争力。

3. 论文、专利、鉴定及获奖情况

论文：

（1）Liu Z, Tang S, Cai X, et al. Precipitation strengthening of micro-alloyed steels thermo-mechanically processed by ultra fast cooling [M]. 2012: 706~709, 2320~2325.

（2）Tang S, Liu Z Y, Wang G D, et al. Microstructural evolution and mechanical properties of high strength microalloyed steels: Ultra Fast Cooling (UFC) versus Accelerated Cooling (ACC) [J]. Materials science and engineering A, 2013, 580: 257~265.

（3）Chen J, Tang S, Liu Z, et al. Strain-induced precipitation kinetics of Nb (C, N) and precipitates evolution in austenite of Nb-Ti micro-alloyed steels [J]. Journal of materials science, 2012, 47 (11): 4640~4648.

（4）Chen J, Tang S, Liu Z, et al. Effects of cooling process on microstructure, mechanical properties and precipitation behaviors of niobium-titanium micro-alloyed steel [J]. Acta metallurgica sinica, 2012, 48 (4): 441~449.

（5）Wang B, Liu Z, Zhou X, et al. Effect of cooling path on the hole-expansion property of medium carbon steel [J]. Acta metallurgica sinica, 2012, 48 (4): 435~440.

（6）Yi H, Xu Y, Liu Z, et al. Influence of cooling rate on the microstructures and properties of a Nb-Ti-Mo steel [M]. 2012: 14~17, 152~154.

（7）Chen J, Li F, Liu Z Y, et al. Influence of deformation temperature on gamma-alpha phase transformation in Nb-Ti microalloyed steel during continuous cooling [J]. ISIJ international, 2013, 53 (6): 1070~1075.

（8）Chen J, Tang S, Liu Z, et al. Influence of molybdenum content on transformation behavior of high performance bridge steel during continuous cooling [J]. Materials & design, 2013, 49: 465~470.

(9) Chen J, Tang S, Liu Z, et al. Microstructural characteristics with various cooling paths and the mechanism of embrittlement and toughening in low-carbon high performance bridge steel [J]. Materials science and engineering A, 2013, 559: 241~249.

(10) Tang S, Liu Z Y, Wang G D. Development of high strength plates with low yield ratio by the combination of TMCP and inter-critical quenching and tempering [J]. Steel research international, 2011, 82 (7): 772~778.

(11) Wang B, Liu Z, Zhou X, et al. Calculation of transformation driving force for the precipitation of nano-scaled cementites in the hypoeutectoid steels through ultra fast cooling [J]. Acta metallurgica sinica, 2013, 49 (1): 26~34.

(12) Wang B, Liu Z, Zhou X, et al. Improvement of hole-expansion property for medium carbon steels by ultra fast cooling after hot strip rolling [J]. Journal of iron and steel research international, 2013, 20 (6): 25~32.

(13) Wang B, Liu Z, Zhou X, et al. Precipitation behavior of nanoscale cementite in 0.17% carbon steel during ultra fast cooling(UFC)and thermomechanical treatment (TMT)[J]. Materials science and engineering A, 2013, 588: 167~174.

(14) Wang B, Liu Z, Zhou X, et al. Precipitation behavior of nanoscale cementite in hypoeutectoid steels during ultra fast cooling (UFC) and their strengthening effects [J]. Materials science and engineering A, 2013, 575: 189~198.

(15) Chen J, Lv M Y, Tang S, et al. Microstructure, mechanical properties and interphase precipitation behaviors in V-Ti microalloyed steel [J]. Acta metallurgica sinica, 2014, 50 (5): 524~530.

(16) Chen J, Lv M Y, Tang S, et al. Low-Carbon bainite steel with high strength and toughness processed by recrystallization controlled rolling and ultra fast cooling (RCR plus UFC)[J]. ISIJ international, 2014, 54 (12): 2926~2932.

(17) Chen J, Lv M Y, Tang S, et al. Influence of cooling paths on microstructural characteristics and precipitation behaviors in a low carbon V-Ti microalloyed steel [J]. Materials science and engineering A, 2014, 594: 389~393.

（18） Wang B, Liu Z, Feng J, et al. Precipitation behavior and precipitation strengthening of nanoscale cementite in carbon steels during ultra fast cooling [J]. Acta metallurgica sinica, 2014, 50 (6): 652~658.

（19） Yi H, Long L, Liu Z, et al. Investigation of precipitate in polygonal ferrite in a Ti-microalloyed steel using TEM and APT [J]. Steel research international, 2014, 85 (10): 1446~1452.

（20） Yi H, Xu Y, Sun M, et al. Influence of finishing cooling temperature and holding time on nanometer-size carbide of Nb-Ti microalloyed steel [J]. Journal of iron and steel research international, 2014, 21 (4): 433~438.

（21） Zhou X, Liu Z, Song S, et al. Upgrade rolling based on ultra fast cooling technology for C-Mn steel [J]. Journal of iron and steel research international, 2014, 21 (1): 86~90.

（22） Ji F Q, Li C N, Tang S, et al. Effects of carbon and niobium on microstructure and properties for Ti bearing steels [J]. Materials science and technology, 2015, 31 (6): 695~702.

（23） Zhou X, Wang M, Liu Z, et al. Precipitation behavior of Nb in steel under ultra fast cooling conditions [J]. Journal of Wuhan university of technology-materials science edition, 2015, 30 (2): 375~379.

（24） 王国栋，吴迪，刘振宇，王昭东．中国轧钢技术的发展现状和展望 [J]. 中国冶金，2009，12：1~14.

（25） 王国栋，刘振宇．新一代节约型高性能结构钢的研究现状与进展 [J]. 中国材料进展，2011，12：12~17，33.

（26） 刘振宇，唐帅，周晓光，衣海龙，王国栋．新一代 TMCP 工艺下热轧钢材显微组织的基本原理 [J]. 中国冶金，2013，04：10~16.

（27） 刘振宇，周砚磊，狄国标，王国栋．高强度厚规格海洋平台用钢研究进展及应用 [J]. 中国工程科学，2014，02：31~38.

（28） 刘振宇，陈俊，唐帅，王国栋．新一代舰船用钢制备技术的现状与发展展望 [J]. 中国材料进展，2014，Z1：595~602，629.

（29） 刘振宇，唐帅，陈俊，叶其斌，王国栋．海洋平台用钢的研发生产现状与发展趋势［J］. 鞍钢技术，2015，01：1~7.

（30）王国栋，刘相华，朱伏先，刘振宇，杜林秀，刘彦春. 新一代钢铁材料的研究开发现状和发展趋势［J］. 鞍钢技术，2005，04：1~8.

（31）王斌，周晓光，刘振宇，王国栋. 超快速冷却对中碳钢组织和性能的影响［J］. 东北大学学报（自然科学版），2011，01：48~51.

（32）刘振宇，王国栋. 热轧钢材氧化铁皮控制技术的最新进展［J］. 鞍钢技术，2011，02：1~5，40.

（33）谢章龙，陈俊，刘振宇，王国栋. 直接双相区热处理工艺参数对9Ni钢组织性能的影响［J］. 材料热处理学报，2011，05：68~73.

（34）卢敏，周晓光，刘振宇，王国栋，狄国标. 冷却工艺对X80级抗大变形管线钢组织性能的影响［J］. 材料热处理学报，2011，07：83~88.

（35）李凡，衣海龙，陈军平，刘振宇，王国栋. 超快冷技术在鞍钢Q550工程机械用钢生产中的应用［J］. 轧钢，2011，05：7~8，50.

（36）周晓光，卢敏，刘振宇，王国栋. 超快冷对X80管线钢屈强比的影响［J］. 东北大学学报（自然科学版），2012，02：199~202.

（37）王斌，刘振宇，周晓光，王国栋. 轧后冷却路径对中碳钢扩孔性能的影响［J］. 金属学报，2012，04：435~440.

（38）陈俊，唐帅，刘振宇，王国栋. 冷却方式对Nb-Ti微合金钢组织和性能及沉淀行为的影响［J］. 金属学报，2012，05：441~449.

（39）李凡，衣海龙，刘振宇，王国栋. 超快冷工艺下工程机械用550MPa级钢的组织与性能［J］. 机械工程材料，2012，04：34~36.

（40）周晓光，刘振宇，吴迪，王国栋. 超快速冷却终止温度对X80管线钢组织和性能的影响［J］. 机械工程材料，2012，10：5~7，100.

（41）周晓光，刘振宇，吴迪，王国栋. 控制冷却对C-Mn钢力学性能的影响［J］. 东北大学学报（自然科学版），2010，03：362~365.

（42）唐帅，刘振宇，王国栋. 低屈强比590/780MPa建筑用钢DL-T工艺研究［J］. 轧钢，2010，01：6~10.

（43）胡恒法，王国栋，刘振宇，贾涛. 钢材柔性化生产技术的开发与应用［J］. 钢铁，2010，07：52~56.

（44）唐帅，刘振宇，王国栋，何元春. 高层建筑用钢板的生产现状及发展趋势［J］. 钢铁研究学报，2010，10：1~6，11.

（45）衣海龙，徐洋，徐兆国，刘振宇，王国栋. 低成本 780MPa 级热轧高强钢的组织与性能［J］. 机械工程材料，2010，12：37~39.

（46）王斌，刘振宇，周晓光，王国栋. 超快速冷却条件下亚共析钢中纳米级渗碳体析出的相变驱动力计算［J］. 金属学报，2013，01：26~34.

（47）杨浩，周晓光，刘振宇，王国栋. Nb 在超快冷条件下的低温析出行为［J］. 钢铁，2013，01：75~81.

（48）陈俊，唐帅，刘振宇，王国栋. 超快冷终冷温度对桥梁钢组织性能的影响［J］. 东北大学学报（自然科学版），2013，04：524~527.

（49）周晓光，王猛，刘振宇，吴迪，王国栋. 超快冷对 X70 管线钢组织和性能的影响［J］. 材料热处理学报，2013，09：80~84.

（50）刘振宇，王斌，王国栋. 纳米级渗碳体强韧化节约型高强钢研究［J］. 鞍钢技术，2013，06：1~7.

（51）贾涛，魏娇，冯洁，张维娜，刘振宇，王国栋. 低碳钛、钒微合金钢中的相间析出［J］. 中国工程科学，2014，01：88~92.

（52）衣海龙，徐洋，刘振宇，王国栋. 超快冷+层流冷却工艺对 Mn-Ti 钢组织与性能影响［J］. 材料热处理学报，2014，03：122~126.

（53）陈俊，吕梦阳，唐帅，刘振宇，王国栋. V-Ti 微合金钢的组织性能及相间析出行为［J］. 金属学报，2014，05：524~530.

（54）陈俊，唐帅，刘振宇，王国栋. 低 Ni，Cr，Cu 和 Mo 高性能桥梁钢的动态再结晶行为［J］. 东北大学学报（自然科学版），2014，07：960~963，968.

（55）王斌，刘振宇，冯洁，周晓光，王国栋. 超快速冷却条件下碳素钢中纳米渗碳体的析出行为和强化作用［J］. 金属学报，2014，06：652~658.

（56）周晓光，王猛，刘振宇，杨浩，吴迪，王国栋. 超快冷条件下含 Nb 钢铁素体相变区析出及模型研究［J］. 材料工程，2014，09：1~7.

（57）周晓光，曾才有，杨浩，刘振宇，吴迪，王国栋. 超快冷条件下 X80 管线钢的组织性能［J］. 中南大学学报（自然科学版），2014，09：2972~2976.

专利：

（1）刘振宇，唐帅，陈俊，王国栋．一种低屈强比高性能桥梁钢及其制造方法［P］．辽宁：CN104711490A，2015-06-17.

（2）刘振宇，李凡，周晓光，王勇，杨浩，陈军平，王国栋，乔馨，张朝锋，叶启斌．一种 355MPa 级船板钢的超快冷制备方法［P］．辽宁：CN102965575A，2013-03-13.

（3）刘振宇，王斌，周晓光，王国栋．一种利用纳米渗碳析出提高中低碳钢强度的方法［P］．辽宁：CN103343207A，2013-10-09.

（4）刘振宇，蔡晓辉，周晓光，王国栋．一种前置式超快冷制备热轧双相钢的方法［P］．辽宁：CN102605251A，2012-07-25.

（5）刘振宇，李会，蔡晓辉，杨峰，周晓光，廖志，王国栋，周明伟，成小军，刘旭辉．一种 600MPa 级热轧双相钢及其制备方法［P］．辽宁：CN102703815A，2012-10-03.

（6）刘振宇，周砚磊，王国栋．屈服强度 500MPa 级海洋平台结构用厚钢板及制造方法［P］．辽宁：CN102127719A，2011-07-20.

（7）刘振宇，谢章龙，杨哲，王国栋．一种低碳 9Ni 钢厚板的制造方法［P］．辽宁：CN101215668，2008-07-09.

（8）刘振宇，唐帅，孙庆强，刘相华，王国栋．一种 590MPa 级低屈强比低碳当量建筑用钢板的制造方法［P］．辽宁：CN101260495，2008-09-10.

（9）刘振宇，周晓光，卢敏，王国栋，吴迪．一种低屈强比 X80 级管线钢及其制造方法［P］．辽宁：CN101768703A，2010-07-07.

（10）刘振宇，狄国标，王月香，刘相华，王国栋．一种低 Si 低 Mn 含 Nb、Ti 细晶化热轧双相钢及其生产工艺［P］．辽宁：CN100445409C，2008-12-24.

（11）唐帅，刘振宇，沈鑫珺，陈俊，张向军，王国栋．一种止裂性能优异的厚钢板及其制造方法［P］．辽宁：CN104694850A，2015-06-10.

（12）陈俊，刘振宇，唐帅，王国栋．一种采用超快速冷却控制奥氏体组织的优化控制轧制方法［P］．辽宁：CN104232868A，2014-12-24.

（13）衣海龙，刘振宇，吴迪，王国栋．屈服强度 1100MPa 级工程机械用非调质态热轧带钢及制备方法［P］．辽宁：CN102943204A，2013-02-27.

（14）衣海龙，刘振宇，吴迪，王国栋．一种抗拉强度 580MPa 级铁素体贝氏体热轧双相钢及其制备方法［P］. 辽宁：CN102943205A，2013-02-27.

（15）衣海龙，刘振宇，徐洋，吴迪，王国栋 . 屈服强度高于 900MPa 的非调质态热轧带钢及其制备方法［P］. 辽宁：CN102703824A，2012-10-03.

（16）衣海龙，刘振宇，田勇，吴迪，王国栋 . 一种钛微合金钢纳米析出物的控制方法［P］. 辽宁：CN104148410A，2014-11-19.

成果鉴定：

（1）

项目名称：鞍钢节约型高性能中厚板 UFC-TMCP 工艺技术开发及应用

组织鉴定单位：辽宁省科学技术厅

完成单位：鞍钢股份有限公司、东北大学

鉴定时间：2013 年 6 月

（2）

项目名称：首钢 4300mm 宽厚板生产线超快冷系统开发与应用

组织鉴定单位：中国钢铁工业协会

完成单位：首钢总公司、东北大学

鉴定时间：2012 年 3 月

（3）

项目名称：高品质节约型热轧钢材生产技术与装备的研发及应用

组织鉴定单位：中国钢铁工业协会

完成单位：华菱涟源钢铁有限公司、东北大学

鉴定时间：2012 年 12 月

成果获奖：

（1）

项目名称：首钢 4300mm 中厚板生产线超快冷系统开发及新一代 TMCP 的应用

授奖单位：北京市科学技术奖励工作办公室

完成单位：首钢总公司、东北大学、秦皇岛首秦金属材料有限公司

获奖时间及等级：2012 年北京市科学技术进步一等奖

（2）

项目名称：高品质节约型热轧钢材生产技术与装备的研发及应用

授奖单位：湖南省科学技术厅

完成单位：华菱涟源钢铁有限公司、东北大学

获奖时间及等级：2014 年湖南省科学技术进步一等奖

4. 项目完成人员

主要完成人	职　称	单　　位
刘振宇	教　授	东北大学 RAL 国家重点实验室
唐　帅	副教授	东北大学 RAL 国家重点实验室
陈　俊	博士后	东北大学 RAL 国家重点实验室
周晓光	副教授	东北大学 RAL 国家重点实验室
衣海龙	副教授	东北大学 RAL 国家重点实验室
曹光明	副教授	东北大学 RAL 国家重点实验室
李成刚	高级实验师	东北大学 RAL 国家重点实验室
蔡晓辉	副教授	东北大学 RAL 国家重点实验室

5. 报告执笔人

刘振宇、唐帅、陈俊。

6. 致谢

在本项研究工作过程中，除了课题组成员的努力工作之外，还得到了实验室领导、同事，以及各合作企业的相关领导和工程技术专家的帮助和支持，这对于项目的顺利实施和完成起到重要的推动作用。

轧制技术及连轧自动化国家重点实验室王国栋院士对项目的研究工作从宏观方向的把握和具体实验的开展进行都给予了耐心的指导和悉心的帮助，王院士还特别关心课题组年轻人成长，在实验和现场试制的关键时刻始终给予了充分的肯定和热情的鼓励，使我们这些弄潮儿克服了一个又一个困难，进入了科研的海洋。

衷心感谢实验室王昭东教授、袁国副教授在超快冷冷却装备和工业调试过程中给予的指导和关心，感谢田勇副教授、王丙兴副教授、李海军副教授、付天亮副教授等给予的帮助和支持。

我们也特别感谢合作企业的相关领导和工程技术人员。衷心感谢鞍钢股份有限公司的李凡、丛津功、陈军平、黄松、王小强、王勇、王超等领导专家的大力支持；衷心感谢湖南涟源钢铁的李俊峰、廖志、王慎德、刘旭辉、李建华等领导专家的大力支持；衷心感谢首钢白学军、姜中行、何元春、王根矶、马长文、沈开照、于海波、狄国标等领导专家的大力支持。向所有对本项目给予帮助和支持的领导和工程技术人员表示由衷的感谢！

最后，我们还要感谢实验室的老师：崔光洙、田浩、王佳夫、张维娜、薛文颖、吴红艳、冯盈盈，办公室张颖、李钊、杨子琴、沈馨、孟丽娟、王凤辉、谷文建等对本项研究工作及本团队多年来的帮助与支持！

目　录

摘　要

当代社会发展所面临的主要矛盾之一是资源枯竭与经济的可持续发展。钢铁不仅是经济建设中最重要的结构材料，还是一种性价比最高的结构材料，更是一种温室气体排放较低的绿色环保材料，其排放强度远低于镁、铝金属及碳纤维材料，仅是铝的1/6，镁合金的1/18。而且钢铁生产过程中仅产生CO_2，而镁、铝金属在提炼过程中除产生CO_2外，还会产生CH_4、C_2H_6、SF_6等对臭氧层具有根本性破坏作用的气体。在全世界工程材料用量中，钢铁仅次于水泥，是全世界用量第2位的工程材料，它的用量是所有其他非金属材料总和的15倍。

由于我国国民经济持续高速发展，使我国钢铁的需求量和生产量在21世纪初开始迅速上升，至2010年已接近世界粗钢产量的1/2，由于钢铁的巨大用量，造成钢铁生产过程中的有害气体排放量占工业排放总量的15%左右，成为名副其实的能耗和排放大户。我国钢铁产业目前正面临资源匮乏（如铁矿石60%以上依赖进口），环境和自然生态不堪重负等严重问题，而且与日本等发达国家相比，我国钢铁行业在资源节约、环境友好、低成本、减量化工艺技术和产品研发及应用方面处于明显落后状态，高技术含量、高附加值产品比例明显偏低。“资源节约、环境友好、性能质量优良”即资源节约型高性能钢铁产品的开发是当前钢铁技术发展必须解决的一个主要问题。

轧制是钢材最主要的成型方法。热轧产品广泛应用于国民经济的各个部门。其中，热轧结构钢材占钢材总量的80%以上，所以控制轧制和控制冷却（TMCP）技术是轧制技术创新最具活力的领域，是保证热轧钢材强韧性的核心技术，也是实现资源节约型高品质钢材开发和应用的基础。

长期以来我们一直采用依赖于微合金元素添加和低温大压下的传统TMCP技术，但传统TMCP技术具有一定的局限性。为了进一步发掘钢铁材料潜力，克服传统TMCP的技术局限性，进入21世纪以来，以超快速冷却技术为核心的新一代TMCP技术取得了广泛的应用。在轧后超快冷技术和原理方面也已经开展了大量探索研究，摸清了超快冷条件下热轧钢材的细晶强化、析出强化和相变强化的基本规律和组织、性能调控方法，成功开发出了轧后超快冷试验设备和现场超快冷设备，并应用于工业化生产。研究发现，采用轧后超快速冷却设备可以在提高强度、塑性和韧性的同时有效降低微合金元素的用量，实现节约型减量化生产。

本研究报告目的是较为系统地介绍以超快速冷却技术为核心的新一代TMCP条件下热轧钢材组织性能调控基本规律。主要研究内容如下：

(1) 介绍以超快速冷却技术为核心的新一代TMCP技术，叙述了超快速冷却原理及国内外主要生产线；

(2) 介绍轧制与冷却工艺参数对奥氏体组织细化的影响规律，提出了与超快速冷却相适应的最优控制轧制工艺；

(3) 介绍奥氏体中的应变诱导析出规律，讨论了轧后超快速冷却对应变诱导析出行为的影响机理；

(4) 介绍基于新一代TMCP的细晶强化原理，讨论了铁素体组织细化和珠光体组织细化；

(5) 介绍基于新一代TMCP的沉淀强化原理，讨论了Nb-Ti和V-Ti微合金钢中微合金碳氮化物的析出规律、晶体学位向关系及强化机制，同时讨论了碳素钢中纳米渗碳体的析出规律；

(6) 介绍轧后超快速冷却对贝氏体相变行为的影响机理，讨论了超快速冷却对高强钢强韧性和组织性能演变的影响规律；

(7) 最后介绍了基于新一代TMCP技术的典型工业化应用。

关键词：新一代TMCP；超快速冷却；微合金钢；物理冶金学；细晶强化；沉淀强化；相变强化

1 新一代 TMCP 技术概述

1.1 引言

进入 21 世纪以来，国内外轧钢工作者针对传统控轧控冷技术存在的问题，提出了以超快速冷却（Ultra Fast Cooling，UFC）为核心的新一代 TMCP 技术。新一代 TMCP 技术是优化生产过程的强力手段，节能减排、降低成本的空间极为广阔，是目前钢铁工业科学发展、转变生产发展方式的重要领域，是实现我国热轧低成本、高品质钢材生产的关键技术[1~5]。虽然超快速冷却技术在国内得到了广泛的应用，开发了一系列热轧先进高强钢，但尚缺乏以超快速冷却为核心的新一代 TMCP 条件下热轧钢材组织性能调控基本规律的系统研究。

1.2 新一代 TMCP 技术

1.2.1 新一代 TMCP 技术特点

新一代 TMCP 技术的核心思想是：（1）在奥氏体区相对于“低温大压下”较高的温度进行连续大变形，得到硬化的奥氏体；（2）轧后进行超快速冷却，迅速穿过奥氏体相区，保留奥氏体的硬化状态；（3）冷却到动态相变点停止冷却；（4）后续控制冷却路径，得到不同的组织[5]。新一代 TMCP 技术特征如图 1-1 所示。

1.2.2 新一代 TMCP 技术优势

相对较高的轧制温度，一方面，降低轧机负荷，大幅度降低投资成本，同时有利于实现板形的控制；另一方面，应变诱导析出不发生或少发生，大大提高基体中微合金元素的固溶量。

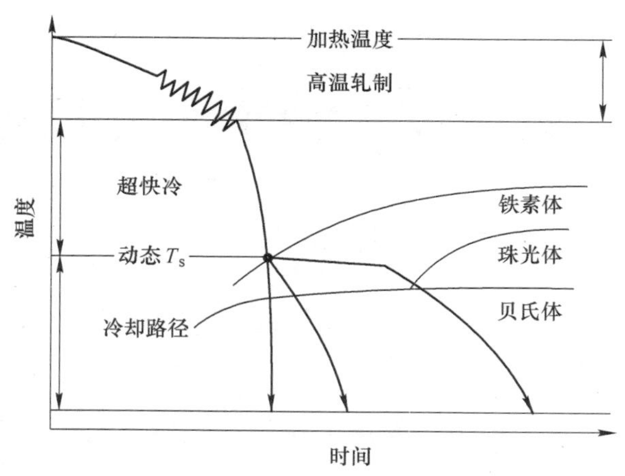

图 1-1 新一代 TMCP 技术

T_s— 相变开始温度

轧后超快速冷却具有 3 种有效作用。其一，在奥氏体区进行超快速冷却，可抑制动态再结晶/亚动态再结晶晶粒的长大或抑制奥氏体的静态再结晶软化，进而在相变前获得细小的奥氏体晶粒，提高相变形核位置，同时可以有效地降低相变点，增加相变驱动力，提高形核率，有利于获得细小的铁素体晶粒。虽然新一代 TMCP 在较高温度条件下进行轧制，但在变形后极短的时间内，动态再结晶/亚动态再结晶晶粒来不及长大或静态再结晶来不及发生，仍然保持着较高的"缺陷"，如果对其实施超快速冷却，便可将这种高能状态的奥氏体保留至相变点，仍然可以达到细晶强化效果。其二，新一代 TMCP 条件下，轧后采用超快速冷却可使微合金碳氮化物在奥氏体中不析出或少析出，如图 1-2 所示，使析出发生在相变过程中或相变后，而微合金碳氮化物在铁素体中的平衡固溶度积小于其在奥氏体中的平衡固溶度积，再加上温度较低，大大提高了析出的驱动力，使得形核率大幅提高，获得大量纳米级析出粒子，大大提高沉淀强化效果。其三，轧后超快速冷却可抑制高温铁素体相变，促进中温或低温相变，实现钢材的相变强化。传统 TMCP 由于受到冷却速度的限制，为了得到中温或低温相变产物，往往添加 Mo、Ni、Cr 和 Mn 等提高淬透性的元素以降低临界冷却速度，使得 CCT（Continuous Cooling Transformation，CCT）曲线向右移，进而在较低的冷却速度下获得贝氏体或马氏体组织，但添加微合金元素会提高成本，消耗资源。而采用超快速冷却可柔性地将奥氏体过冷至贝氏体相变区或马氏体相变区，获得贝氏体组织或马氏体组织，实现相变强化。

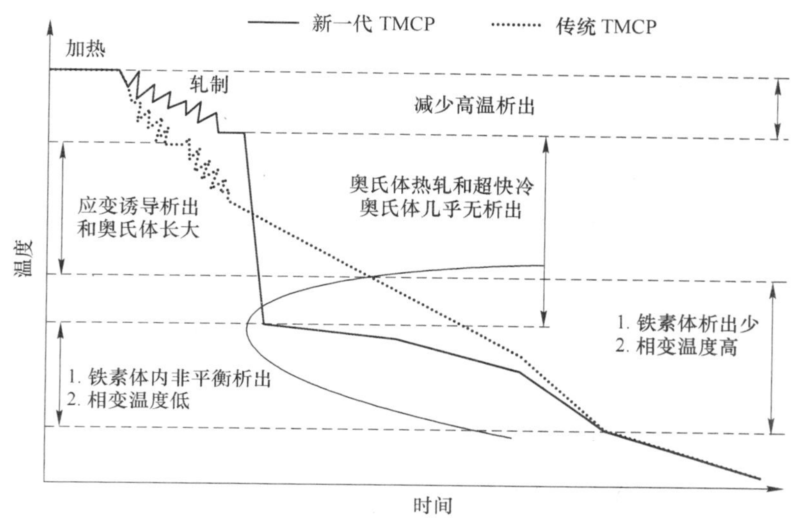

图 1-2 新一代 TMCP 与传统 TMCP 析出的对比

1.2.3 超快速冷却技术概述

轧后冷却可显著调控钢铁材料的组织性能，尤其是在 900～600℃ 温度范围内，通过控制冷却可显著改变钢铁材料的力学性能[6]。而超快速冷却技术可降低合金元素用量，细化钢铁材料组织，实现了节约型高品质钢铁材料的生产[7~10]，许多文章报道了超快速冷却技术的开发和应用[11~26]。

1.2.3.1 超快速冷却生产线

Hoogovens-UGB 厂开发了世界上第一套超快速冷却实验设备，此实验设备在 1.4m 长的冷却区间上安装 3 组集管，水流量为 $1000m^3/h$，对于厚度为 1.5mm 的带钢，其冷却速度高达 900℃/s。在终冷温度高于 650℃ 和水流密度为 $60\sim70L/(m^2 \cdot s)$ 时，冷却能力为 $4.5MW/m^2$，而且在纵向和横向上冷却均匀，板形也未受到强冷影响。但由于冷却区间过短，使得降温能力有限，因此又开发了 7 组集管的原型冷却线。其输出辊道长 5m、冷却区长 3m、冷却宽度 1.6m、最大水流量 $2300m^3/h$、最大水压 0.35MPa、下集管安装在辊道辊之间、上集管距辊道线 600mm，对于厚度为 1.5mm 和 4.0mm 的带钢，当水流密度为 60~70L/(m²·s)，冷却速度可达到 1000℃/s 和 380℃/s，温降可达到 600℃。20 世纪 90 年代初期，比利时的 CRM 厂采用了此项技术，在水流密度为 60~70L/(m²·s) 时，可实现对 6mm 和 3mm 热轧带钢 250~500℃/s 的超快速冷却[16,18,27]。

日本 JFE 公司先于其他钢铁公司开发加速冷却工艺，并于 1980 年将世界上第一条 OLAC（On-Line Accelerated Cooling，OLAC）系统成功地用于厚板生产。随着对冷却速度要求越来越高，JFE 公司开了 Super-OLAC 冷却工艺，并于 1998 年应用于日本福山中厚板厂。以 Super-OLAC 为代表的超快速冷却技术具有大的冷却速度及良好的冷却稳定性和冷后温度均匀性，如图 1-3 所示[24]。

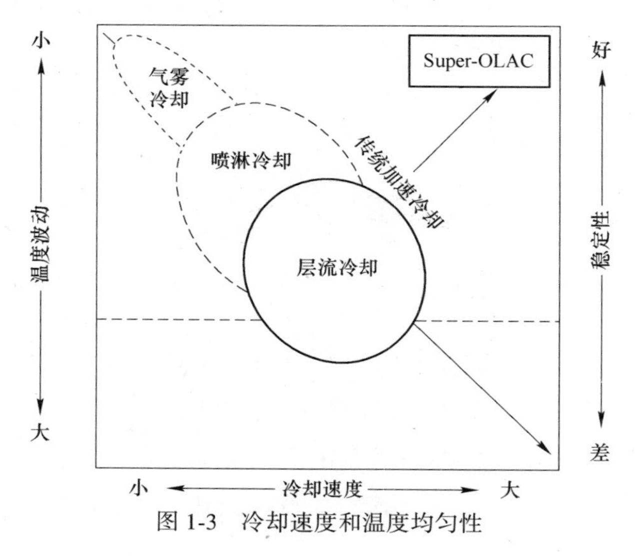

图 1-3 冷却速度和温度均匀性

新日铁于 1983 年率先采用冷却前钢材矫直和约束冷却方式的冷却系统，称之为 CLC（Continuous on Line Control Process，CLC）。在 CLC 应用的基础上，新日铁又开发了新一代控制冷却系统 CLC-μ，应用于君津厂的厚板车间，并于 2005 年 7 月正式投产[28]。

俄罗斯的谢韦尔公司为满足大口径钢管生产的需要，在 5m 轧机上安装了一套新的控制冷却装置，用于钢板的轧后快速冷却和淬火，对厚度 30mm 的厚板可实现 20~40℃/s 的快速冷却。韩国浦项也采用快速冷却（冷却速度为 20~50℃/s）技术生产了一种高强度管线钢[18]。

东北大学轧制技术及连轧自动化国家重点实验室（RAL）开发了 ADCOS

（Advanced Cooling System，ADCOS）系统。针对中厚板、热连轧、棒材和 H 型钢生产线，RAL 分别开发了 ADCOS-PM（Plate Mill，PM）、ADCOS-HSM（Hot Strip Mill，HSM）、ADCOS-BM（Bar Mill，BM）和 ADCOS-HBM（H-Beam Mill，HBM）超快速冷却系统[28]。

近几年，由 RAL 自主研制开发的超快速冷却系统广泛地应用于国内热连轧和中厚板生产线，为实施新一代 TMCP 提供了设备条件：在涟钢 2250mm 和迁钢 2160mm 热连轧生产线安装了超快速冷却装置；2007 年与河北石家庄敬业钢铁公司合作，在 3000mm 中厚板生产线上安装了 UFC+ACC 新式冷却系统；在鞍钢 4300mm 中厚板生产线上也安装了新式的 UFC+ACC 系统；在首秦 4300mm 中厚板生产线上的预留 DQ 装置位置安装了 RAL 自主开发的超快速冷却系统，同时与原 ACC 系统配合[18]。

1.2.3.2 超快速冷却原理

对热轧钢板采用水冷时，热交换和沸腾现象大体上分为两种，即核沸腾和膜沸腾，如图 1-4 所示。在核沸腾条件下，冷却水直接和钢板接触，热量通过不断产生的气泡带走；相反，在膜沸腾条件下，在冷却水和钢板之间会形成蒸汽膜，热量通过蒸汽膜带走，因此核沸腾具有更大的冷却能力。Super-OLAC 冷却技术能够在整个板带冷却过程中实现核沸腾换热冷却，冷却水从距离轧线很低的集管顺着轧制方向流出，在钢板上表面形成“水廊冷却”，而在钢板下表面通过密布的集管喷射冷却。

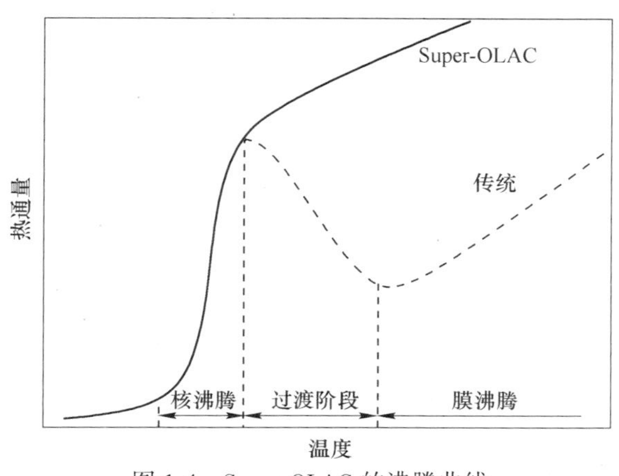

图 1-4　Super-OLAC 的沸腾曲线

2 奥氏体组织演变规律

2.1 引言

对于给定化学成分的钢材，奥氏体的调控，意味着通过控轧控冷工艺将奥氏体调整到相变前预定的物理冶金状态。而且在所有的恢复过程中，再结晶在奥氏体组织调控中起着重要作用，决定着奥氏体的晶粒尺寸、分布和织构等。奥氏体的再结晶主要包括动态再结晶（Dynamic Recrystallization，DRX）、亚动态再结晶（Metadynamic Recrystallization，MDRX）和静态再结晶（Static Recrystallization，SRX）[29~31]，对奥氏体再结晶行为的控制可显著改善钢材的组织均匀性，进而获得极佳的力学性能。

2.2 轧制和冷却参数对奥氏体组织细化行为的影响规律

2.2.1 实验材料及方法

实验用钢的化学成分如表 2-1 所示。实验钢采用真空感应炉熔炼并浇注为铸锭，铸锭被重新加热至 1200℃并保温 2h 进行奥氏体化，然后在 1150～1100℃温度范围内轧制为 12mm 厚钢板，之后立即淬火至室温。热模拟试样从预淬火钢板上切取并加工为 ϕ8mm×15mm 圆柱形试样。

表 2-1 实验钢化学成分 （质量分数,%）

C	Si	Mn	Ni	Cr	Cu	Ti	Mo	Nb
≤0.06	≤0.5	≤2.0	≤0.5	≤0.5	≤0.5	≤0.04	≤0.3	≤0.06

采用 MMS-300 热力模拟实验机进行单道次压缩实验，热模拟工艺如图2-1所示。将热模拟试样以 10℃/s 的加热速度加热至 1200℃并保温 300s，然后以 10℃/s 的冷却速度冷却至不同的变形温度，并保温 15s 以消除温度梯度，保温之后进行压缩变形，变形温度为 1000℃、1050℃、1100℃和 1150℃，应变

为 0、0.2、0.5 和 0.8，应变速率为 0.1s^{-1}、1s^{-1}、2s^{-1}、5s^{-1}、10s^{-1}，变形之后以 0.5℃/s、1℃/s、2℃/s、5℃/s、10℃/s 的冷却速度冷却至 900℃，然后立即淬火以保留高温奥氏体组织的形貌。

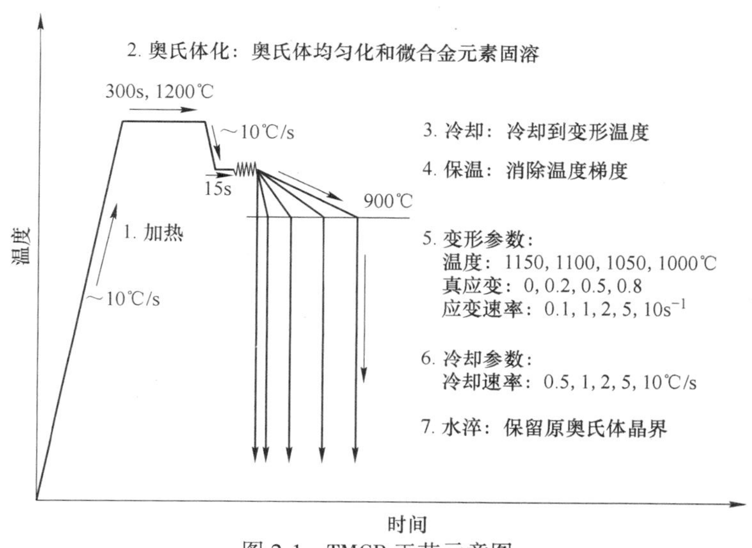

图 2-1　TMCP 工艺示意图

采用化学腐蚀法显示原奥氏体晶界，腐蚀液由过饱和苦味酸、适量“海鸥”洗涤剂和一滴氢氟酸组成。于热电偶下方约 1mm 处沿轴向将热模拟试样切开，此面经抛光后于上述腐蚀液中腐蚀后用于 OM（LEICA DMIRM）观察，腐蚀温度在 60~70℃之间，腐蚀时间在 100~150s 之间。

为了精确确定原奥氏体晶粒尺寸，本文采用等效圆直径的方法来表示奥氏体晶粒尺寸。首先，计算金相照片的面积 S，并统计该金相照片上的晶粒个数 N。其次，采用公式 $S_{ave}=S/N$ 计算每个奥氏体晶粒的平均面积。最后，采用公式 $D=(4\times S_{ave}/\pi)^{0.5}$ 计算出奥氏体晶粒的等效圆直径 D，不同工艺条件下的奥氏体晶粒尺寸均采用 10 张金相照片进行统计。

2.2.2 实验结果及讨论

2.2.2.1 应变和变形温度对奥氏体晶粒尺寸的影响

在较高变形温度 1150℃、应变速率为 5s^{-1} 和变形后冷却速度为 0.5℃/s

条件下，不同应变条件下的奥氏体组织如图 2-2 所示。图 2-2 显示，不同应变条件下均可得到再结晶奥氏体晶粒，但奥氏体晶粒尺寸具有明显的差异性。图 2-2a 显示，在无应变条件下，尽管实验钢在 1200℃ 下保温 300s 进行奥氏体化，但由于固溶态 Ni、Cr、Cu 和 Mo 等元素倾向偏聚于原奥氏体晶界，产生很强的溶质拖拽效应（Solute Drag-Like Effect，SDLE）[32~35]，而且未溶的 TiN 颗粒也可有效钉扎奥氏体晶界[36,37]，进而大大降低奥氏体晶界的迁移速率，使得实验钢在奥氏体化后仍能保持相对细小的奥氏体组织。当应变增加至 0.2 时，奥氏体晶粒得到了明显细化。继续增加应变至 0.5，奥氏体晶粒得到进一步细化，但是当应变增加至 0.8 时，奥氏体晶粒不但未被继续细化，反而发生一定程度的粗化（对比图 2-2c 和 d）。

图 2-2　1150℃变形温度、$5s^{-1}$应变速率和 0.5℃/s 冷却速度时不同应变条件下实验钢的奥氏体组织

a—ε=0.0；b—ε=0.2；c—ε=0.5；d—ε=0.8

在较低变形温度 1000℃、应变速率为 $5s^{-1}$ 和变形后冷却速度为 0.5℃/s 条件下，不同应变条件下的奥氏体组织如图 2-3 所示。图 2-3a 同图 2-4a 的奥氏体晶粒尺寸及形貌特征类似。增加应变至 0.2，奥氏体晶粒得到一定程度的细化，且细小晶粒尺寸明显小于图 2-2b 中的细小晶粒尺寸，但奥氏体的组织均匀性不如图 2-2b。当应变增加至 0.5 时，奥氏体组织得到明显的细化，继续增加应变至 0.8，奥氏体组织得到进一步细化，得到了细小而均匀的奥氏体组织。

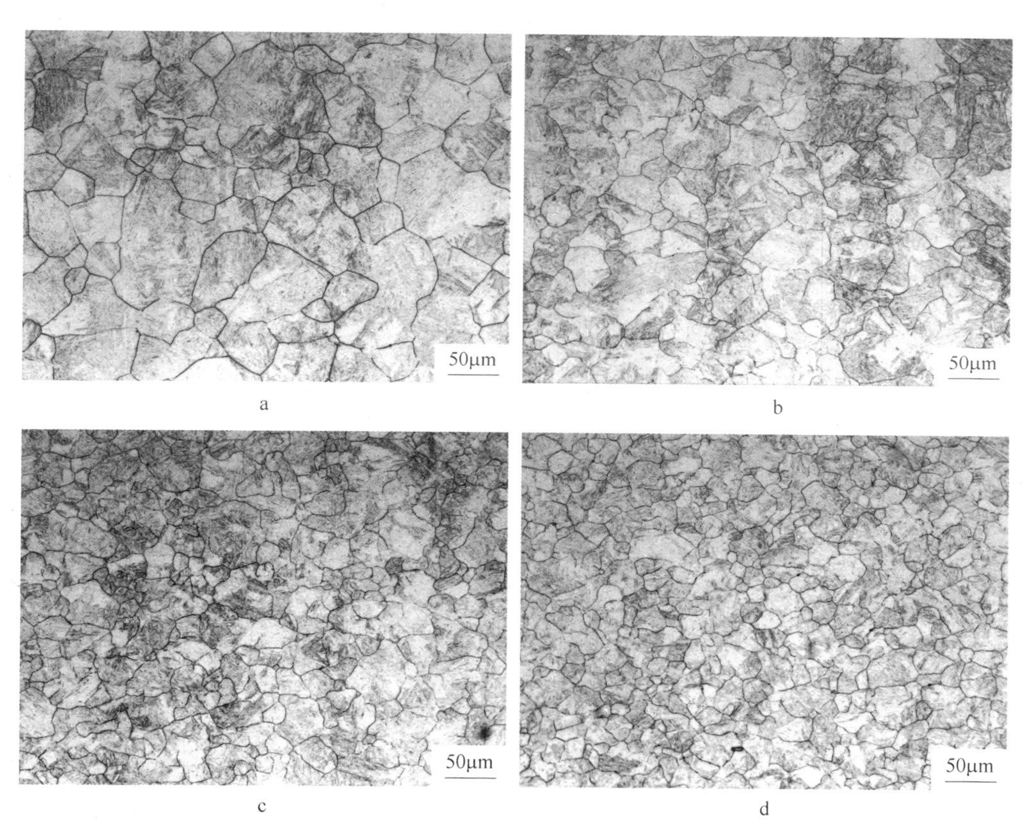

图 2-3　1000℃变形温度、$5s^{-1}$ 应变速率和 0.5℃/s 冷却速度时不同应变条件下实验钢的奥氏体组织

a—$\varepsilon=0.0$；b—$\varepsilon=0.2$；c—$\varepsilon=0.5$；d—$\varepsilon=0.8$

另外，对不同工艺条件下的奥氏体晶粒尺寸进行统计，统计结果如图 2-4 所示。图 2-4a 显示，在 0.0~0.5 的应变范围内，不同变形温度条件下的奥氏体晶粒尺寸均随应变的增加而减小。但在较高变形温度 1150℃ 和 1100℃ 条件

下，0.8 应变条件下的奥氏体晶粒尺寸略高于0.5 应变条件下的奥氏体晶粒尺寸；在变形温度 1050℃条件下，0.8 应变条件下的奥氏体晶粒尺寸与 0.5 应变条件下的奥氏体晶粒尺寸基本一致；而在较低变形温度 1000℃条件下，增加应变至 0.8 可进一步细化奥氏体晶粒。图 2-4b 给出了变形温度对奥氏体晶粒尺寸的影响规律，在 0.2 应变条件下，奥氏体晶粒尺寸随着变形温度的降低先略微减小后急剧减小，但在 0.5 和 0.8 应变条件下，奥氏体晶粒尺寸随着变形温度的降低线性减小。可见，应变和变形温度显著影响奥氏体晶粒尺寸。

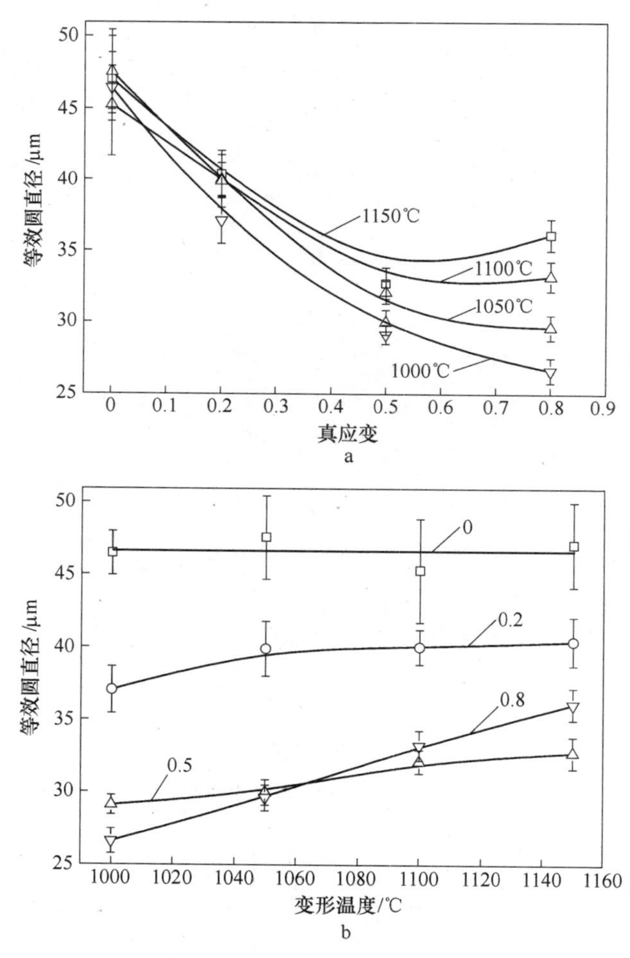

图 2-4 应变和变形温度对奥氏体晶粒尺寸的影响

a—应变的影响；b—变形温度的影响

在应变速率为 $5s^{-1}$ 条件下，不同变形温度下的流变应力曲线如图 2-5a 所示，与之相对应的加工硬化率-真应力的曲线如图 2-5b 所示。可以看出，随着应变的增加，流变应力先增加至峰值应力，然后降低，直至达到稳态阶段，且在加工硬化率-真应力曲线上均存在转折（Inflections），说明在实验条件下均发生了动态再结晶[38~41]，同时确定 1150℃、1100℃、1050℃和 1000℃变形温度条件下发生动态再结晶的临界应变分别为约 0.162、约 0.164、约 0.168 和约 0.191，峰值应变分别为约 0.344、约 0.408、约 0.429 和约 0.437。但图 2-6b、d、f 和 h 显示不同变形温度下的动态再结晶分数具有较大的差异

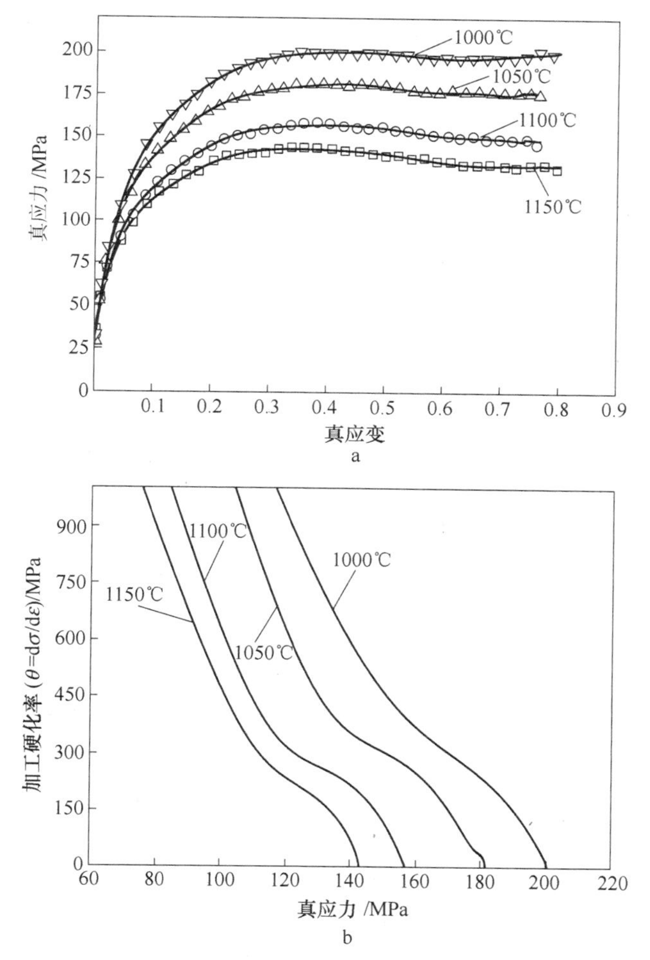

图 2-5 流变应力曲线及与之对应的加工硬化率-真应力曲线

a—流变应力曲线；b—加工硬化率-真应力曲线

性。由于亚动态再结晶的发生不需要孕育期，而且变形结束时刻与淬火开始时刻约有 1s 设备延迟时间，所以我们认为图 2-6 中的再结晶奥氏体晶粒不可避免地会存在一部分完全亚动态再结晶晶粒。

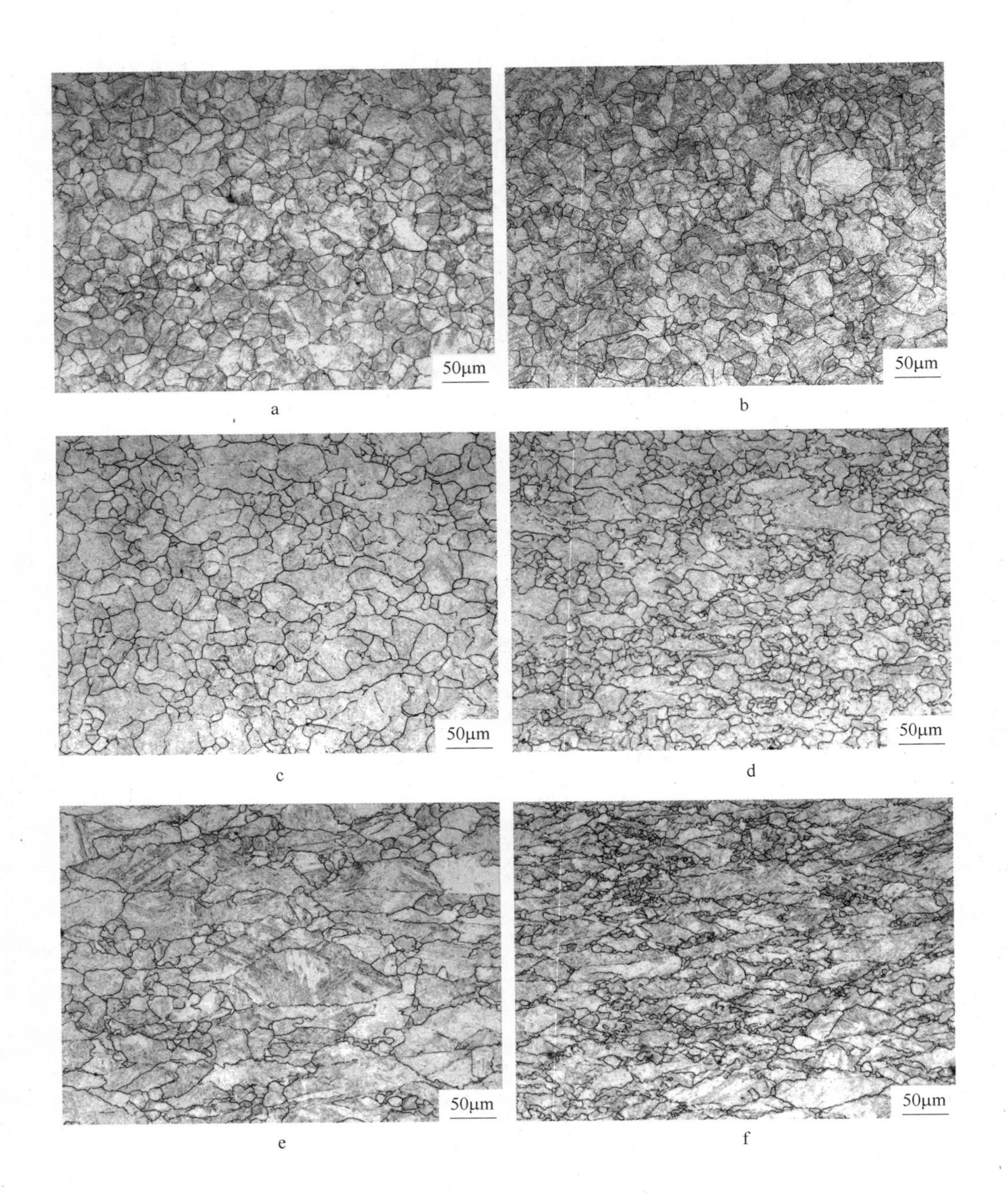

a b c d e f

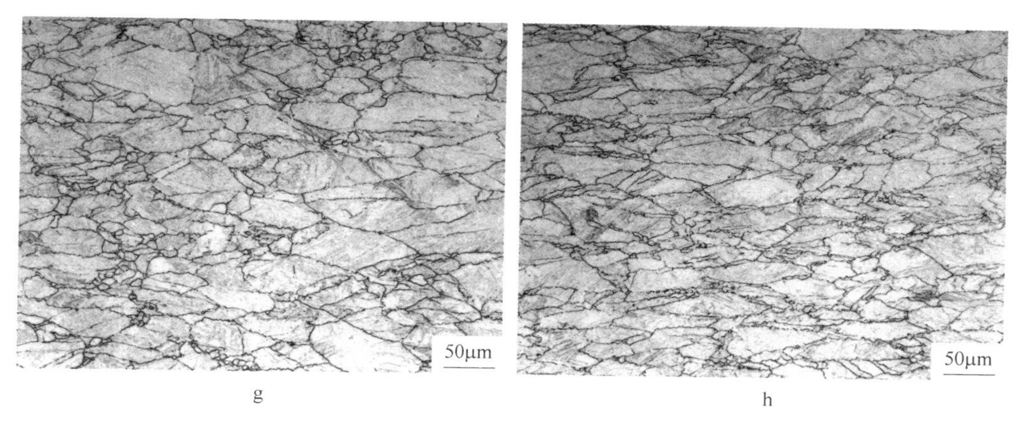

g h

图 2-6 不同温度和应变压缩变形后立即淬火试样的奥氏体组织

变形温度：a，b—1150℃；c，d—1100℃；e，f—1050℃；g，h—1000℃

应变：a，c，e，g—0.5；b，d，f，h—0.8

在 0.2 应变条件下，尽管不同变形温度条件下的临界应变均略小于 0.2，但达到临界应变后，动态再结晶不会立即发生[39]，所以在 0.2 应变条件下，主要通过静态再结晶细化奥氏体晶粒。图 2-4b 显示，在 1150℃、1100℃、1050℃和 1000℃变形温度条件下，增加应变至 0.2 可分别将奥氏体晶粒由约 47.1μm、约 45.3μm、约 47.6μm 和约 46.5μm 细化至约 40.4μm、约 40.0μm、约 39.9μm 和约 37.1μm，表明在较高变形温度 1150℃、1100℃和 1050℃条件下，静态再结晶的细化效应基本一样，但将变形温度降低至 1000℃，可进一步细化奥氏体晶粒。在较低变形温度 1000℃条件下，一方面，再结晶驱动力 $G=0.5\rho\mu b^2$（式中，ρ 是位错密度，μ 是剪切模量，b 是柏氏矢量）较高，使得再结晶形核率 $N=kS_v/A$（式中，k 是几何形状因子，S_v 单位体积内的晶界面积，A 是再结晶核心尺寸，A 正比于 $1/G^2$）较高[42]；另一方面，晶界可动性 $M(t)$ 较低[43]，因此在较低变形温度 1000℃条件下，奥氏体晶粒得到了进一步细化。虽然变形温度由 1150℃降低至 1050℃，同样会提高再结晶形核率和降低晶界可动性，但由于温度相对较高，晶粒粗化速率相对较高，同时由于前面提到的较高的溶质拖拽效应，使得晶粒长大到一定程度后不发生明显的变化，所以呈现在 1150℃、1100℃和 1050℃变形温度条件下，奥氏体晶粒尺寸相差不大的现象。

在 0.5 应变条件下，尽管 0.5 的应变远大于临界应变，但其小于 $\varepsilon_T=$

1.7ε_p（1150℃、1100℃、1050℃和1000℃变形条件下的ε_T值分别为约0.58、约0.70、约0.73和约0.74），所以在变形后的连续冷却过程中会发生亚动态再结晶和静态再结晶。图2-6a和c显示，变形后立即淬火试样中存在大量的再结晶晶粒，几乎无硬化组织，说明在1150℃和1100℃较高的变形温度条件下，主要通过动态再结晶和亚动态再结晶细化奥氏体组织。图2-6e和g显示，变形后立即淬火试样中仅存在少量的再结晶晶粒，说明在1050℃和1000℃较低的变形温度条件下，主要通过静态再结晶细化奥氏体晶粒。而且图2-6a、c、e和g显示，由于变形温度的降低，使得Zener-Hollomon参数由2.60×10^{14}增加至1.08×10^{16}，显著细化动态再结晶晶粒[44~46]。图2-4b显示，在1150℃、1100℃、1050℃和1000℃变形温度条件下，增加应变至0.5可分别将奥氏体晶粒由约47.1μm、约45.3μm、约47.6μm和约46.5μm细化至约32.7μm、约32.1μm、约30.0μm和约29.1μm，说明0.5的应变可充分细化奥氏体组织，但是不同变形温度条件下的细化机制不同。在较高变形温度1150℃和1100℃条件下，由于动态再结晶和亚动态再结晶具有很强的细化奥氏体作用[47,48]，同时较强的溶质拖拽效应抑制奥氏体晶粒的粗化，最终得到了细小的奥氏体晶粒。但在较低变形温度1050℃和1000℃条件下，增加应变可显著增加S_v和G，使得静态再结晶晶粒（对比0.2应变条件下的奥氏体晶粒尺寸和0.5应变条件下的奥氏体晶粒尺寸）显著细化。

在0.8应变条件下，图2-4b显示，在较高变形温度1150℃和1100℃条件下，增加应变至0.8不但没有继续细化奥氏体晶粒，反而使奥氏体晶粒发生一定程度的粗化。根据图2-5a和位错密度计算公式$\Delta\rho=[\sigma_m/(0.2\mu b)]^2$（$\sigma_m$为平均流变应力，$\mu$为剪切模量，$b$为柏氏矢量）[49]，可知，变形温度为1150℃时，0.5应变条件下的σ_m约为131MPa，0.8应变条件下的σ_m约为132MPa；变形温度为1100℃时，0.5应变条件下的σ_m约为144MPa，0.8应变条件下的σ_m约为146MPa，因此，应变由0.5增加至0.8，位错密度并无显著变化。但在0.5应变条件下，图2-6a和c显示，奥氏体晶粒尺寸分布相对均匀，表明每个再结晶奥氏体晶粒内部的位错密度接近平均位错密度。相反，在0.8应变条件下，图2-6b和d显示，组织中存在大量细小晶粒，这些细小晶粒是动态再结晶过程中通过重新形核形成的新的无应变再结晶晶粒[44]，表明细小奥氏体晶粒的位错密度远小于平均位错密度，在较大驱动力下使得奥氏体晶界快速迁移而发生粗化现象。从另一方面来说，增加应变至 0.8，此时的软化基本完全由亚动态再结晶控制，软化动力学极快，使得粗化极早地发生。在变形温度为 1050℃、0.8 应变条件下的奥氏体晶粒尺寸同 0.5 应变条件下的奥氏体晶粒尺寸基本一致。在较低变形温度 1000℃ 条件下，增加应变至 0.8 可以进一步细化奥氏体组织，但细化幅度不显著。流变应力曲线显示，尽管应变由 0.5 增加到 0.8，但是流变应力基本保持不变，所以位错密度的变化基本一致，也就是 0.5 应变条件下的再结晶驱动力和 0.8 应变条件下的再结晶驱动力基本一样，但是增加应变至 0.8 可增加单位体积内的总界面面积，提高形核率，使得奥氏体组织得到进一步细化。

2.2.2.2 应变速率对奥氏体晶粒尺寸的影响

在变形温度为 1150℃、应变为 0.8 和变形后冷却速度为 0.5℃/s 条件下，应变速率对奥氏体组织的影响如图 2-7 所示。图 2-7 显示，随着应变速率的增加，奥氏体晶粒尺寸减小，且应变速率由 $0.1s^{-1}$增加至 $1s^{-1}$，奥氏体晶粒尺寸显著减小，但在 $2s^{-1}$到 $10s^{-1}$的应变速率范围内，增加应变速率仅可略微细化奥氏体组织。另外，发现在 $0.1s^{-1}$应变速率条件下，奥氏体晶粒尺寸大于未变形条件下的奥氏体晶粒尺寸。

在变形温度为 1000℃、应变为 0.8 和变形后冷却速度为 0.5℃/s 条件下，应变速率对奥氏体组织的影响如图 2-8 所示。对比图 2-7 和图 2-8 可知，将变形温度降低至 1000℃ 可大幅细化奥氏体组织。且在 $0.1s^{-1}$应变速率条件下，奥氏体晶粒尺寸小于未变形条件下的奥氏体晶粒尺寸，未出现 1150℃ 条件下奥氏体晶粒尺寸增大的情况。

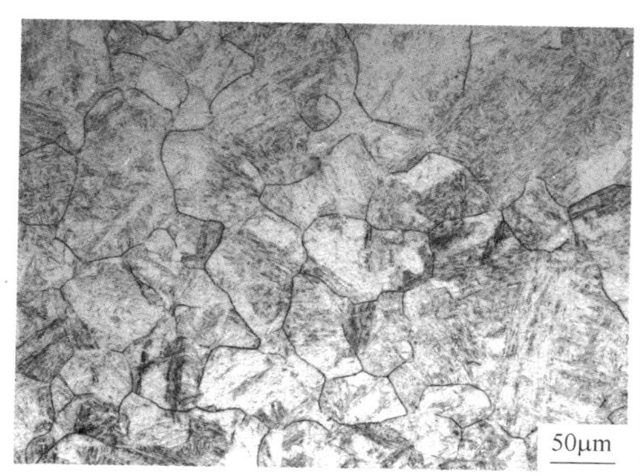

a

b

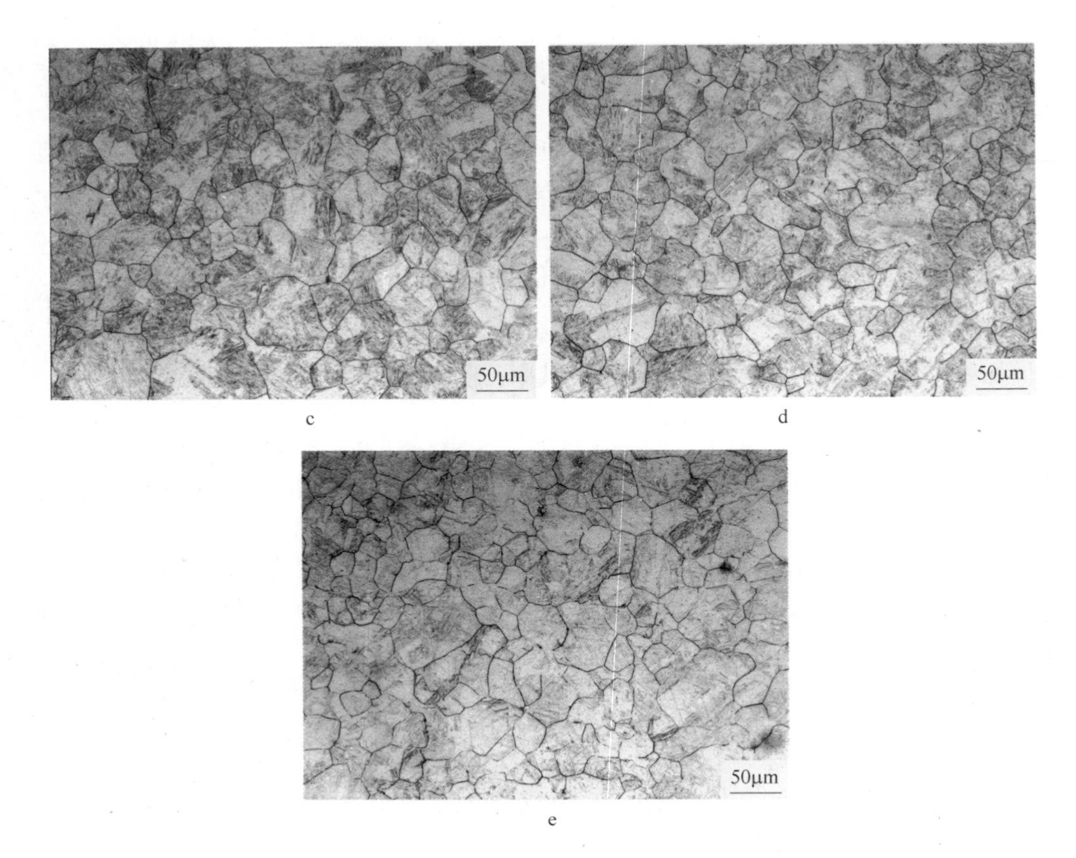

图 2-7 1150℃变形温度、0.8 应变和 0.5℃/s 冷却速度时不同应变速率条件下实验钢的奥氏体组织

a—0.1 s^{-1}；b—1 s^{-1}；c—2 s^{-1}；d—5 s^{-1}；e—10 s^{-1}

另外，在 0.5 应变条件下，我们也研究了应变速率对奥氏体晶粒尺寸的影响规律。应变为 0.5 和 0.8、变形温度为 1150℃ 和 1000℃ 和变形后冷却速度为 0.5℃/s 条件下，应变速率对奥氏体晶粒尺寸的影响规律如图 2-9 所示。图 2-9 显示，在较高变形温度 1150℃ 条件下，随着应变速率的增加，奥氏体晶粒尺寸先急剧减小后逐渐减小，且 0.8 应变条件下的奥氏体晶粒尺寸略大于 0.5 应变条件下的奥氏体晶粒尺寸，此结果同前述结果具有一致性。但在较低变形温度 1000℃ 条件下，在所研究的应变速率范围内，增加应变速率不能显著细化奥氏体组织，且应变由 0.5 增加至 0.8 仍可继续细化奥氏体组织，此结果也与前述结果具有一致性。

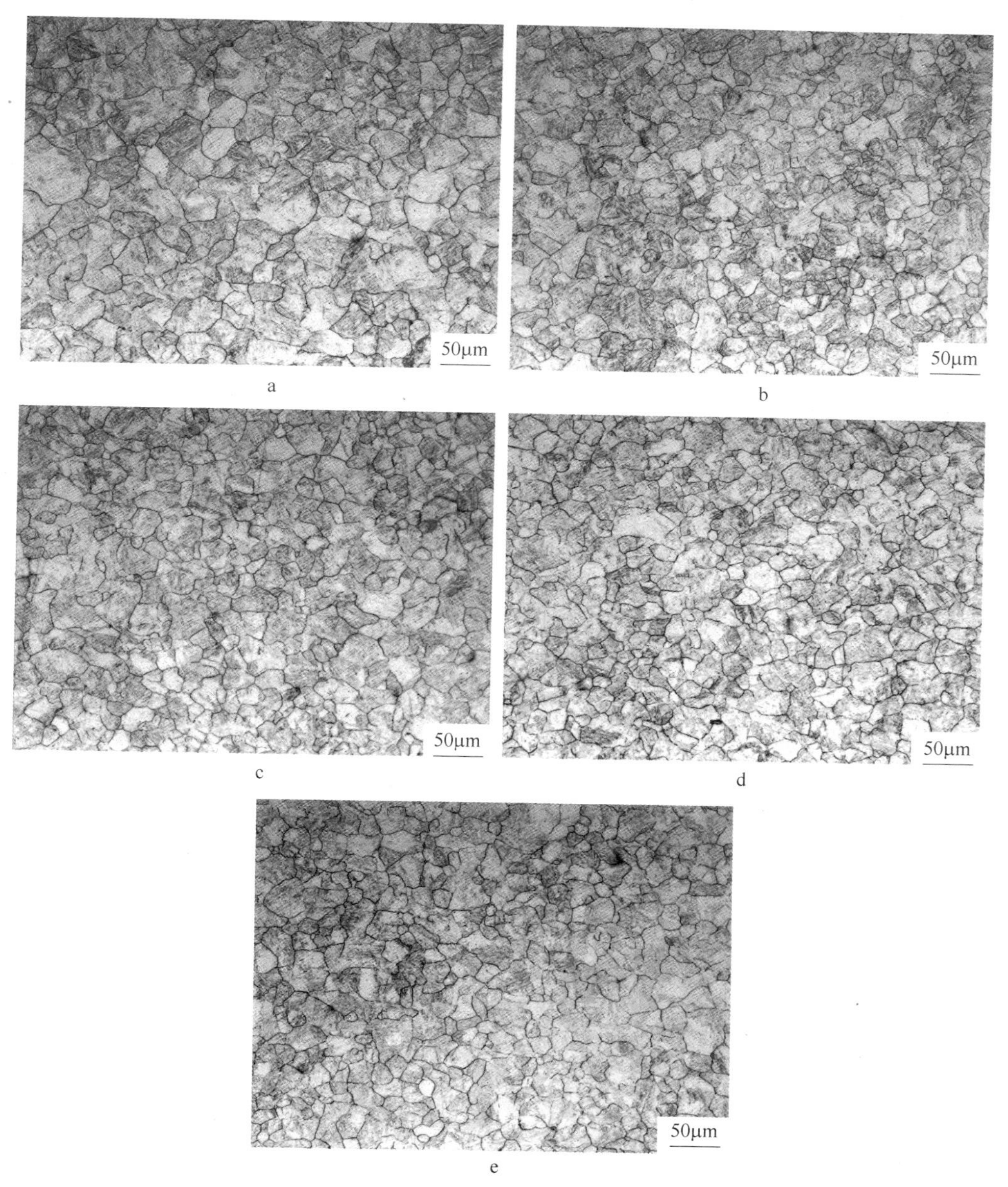

图 2-8 1000℃变形温度、0.8 应变和 0.5℃/s 冷却速度时不同应变速率条件下实验钢的奥氏体组织

a—0.1 s^{-1}; b—1 s^{-1}; c—2 s^{-1}; d—5 s^{-1}; e—10 s^{-1}

不同应变速率条件下的流变应力曲线及与之对应的加工硬化率-真应力曲线如图 2-10 所示，图 2-10b 和 d 显示在实验变形条件下均发生了动态再结

晶[39]。图 2-11 显示，在较高变形温度 1150℃ 条件下，不同应变速率变形后立即淬火试样中存在大量的再结晶晶粒，表明动态再结晶和亚动态再结晶是主要的细化机制。但在较低的变形温度 1000℃ 条件下，图 2-12a 显示，仅在低应变速率 0.1s^{-1}条件下，淬火试样中存在一定量的再结晶晶粒，表明亚动态再结晶和静态再结晶是主要的细化机制，当应变速率大于 1s^{-1}时，淬火试样中仅存在少量的再结晶晶粒，表明静态再结晶是主要的细化机制。

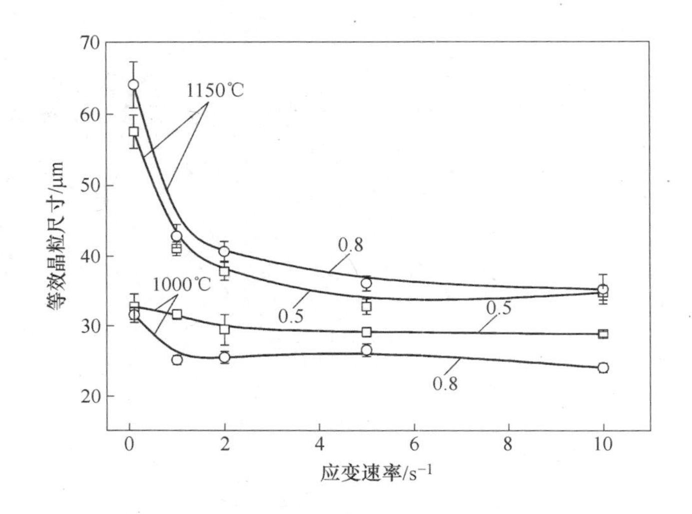

图 2-9 应变速率对奥氏体晶粒尺寸的影响

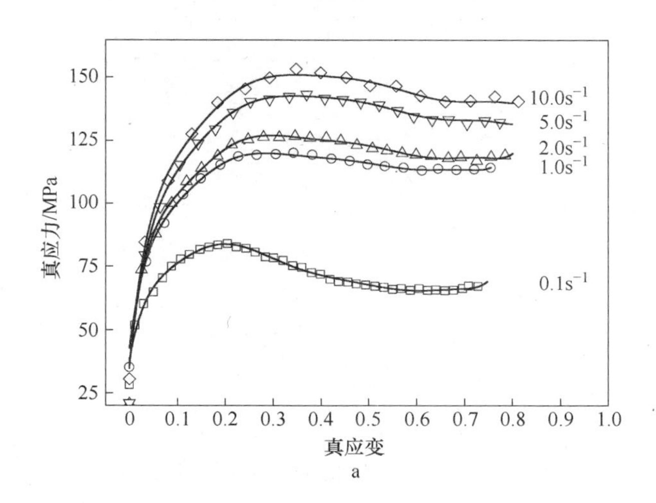

a

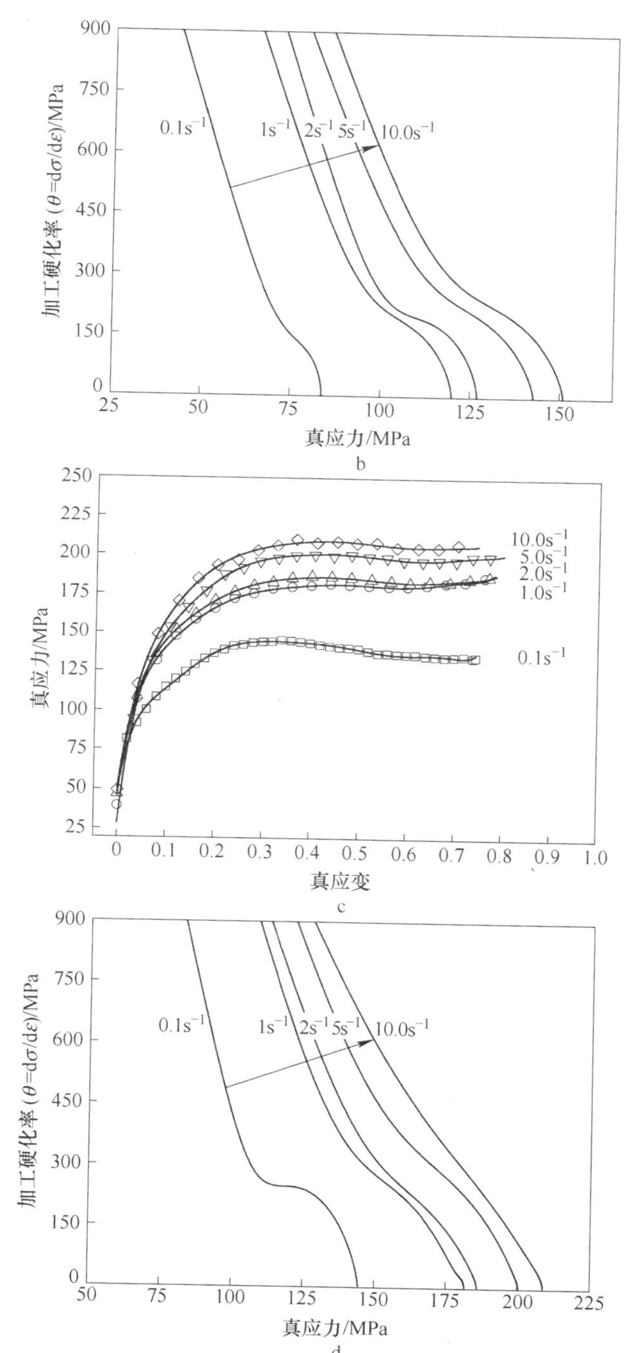

图 2-10　不同变形温度和应变速率下的流变应力曲线及与之对应的加工硬化率-真应力曲线

（a、b 变形温度为 1150℃，c、d 变形温度为 1000℃）

a，c—流变应力曲线；b，d—加工硬化率-真应力曲线

在较高变形温度1150℃条件下，通过加工硬化率-真应力曲线特征和变形后立即淬火试样的观察，可知动态再结晶和亚动态再结晶在细化奥氏体组织中起着重要作用，所以再结晶动力学和奥氏体晶粒尺寸取决于Zener-Hollomom参数[44,45,50~54]。在较低应变速率0.1s^{-1}条件下，一方面，新的再结晶晶粒硬化程度较低，所以这些新的再结晶晶粒很难通过重新形核进一步细化；另一方面，由于应变速率和变形温度较高，在一定程度上会产生应变诱导晶界迁移现象，进而导致奥氏体组织的粗化，呈现图2-8a的形貌特征。当应变速率增加至1s^{-1}和2s^{-1}时，再结晶晶粒得到很大程度的细化（对比图2-11a、b和c）。增加应变速率可以在很大程度上增加新的再结晶晶粒的硬化程度[59]，降低晶界迁移速率，所以得到了图2-11b和c中细小的再结晶晶粒。但是，当应变速率增加至5s^{-1}和10s^{-1}条件下，图2-11d和e中的再结晶晶粒尺寸明显大于图2-11b和c尺寸，文献［47，48，51，52］指出增加应变速率显著提高位错密度（位错密度$\rho \propto \dot{\varepsilon}^{0.26}$），进而加快亚动态再结晶动力学。同时，变形结束时刻和淬火开始时刻间有不可避免的1s左右的设备延迟时间，所以图2-11d和e中的再结晶晶粒可能为完全亚动态再结晶晶粒。但是在应变速率1s^{-1}和2s^{-1}条件下的再结晶晶粒为不完全亚动态再结晶晶粒，导致图2-11d和e中的再结晶晶粒尺寸较大。虽然图2-11b和c中的不完全亚动态再结晶晶粒尺寸小于图2-11d和e中的完全亚动态再结晶晶粒尺寸，但是，应变速率由0.1s^{-1}增加至10s^{-1}，可使Zener-Hollomon参数由5.21×10^{12}增加至5.21×10^{14}，可显著细化亚动态再结晶晶粒，所以随应变速率增加，最终奥氏体组织呈细化趋势。

在较低变形温度1000℃条件下，当应变速率为0.1s^{-1}时，动态再结晶和亚动态再结晶是主要的细化机制；当应变速率大于1s^{-1}时，静态再结晶是主要的细化机制。虽然，动态再结晶和亚动态再结晶具有较好的细化效果，但在低Zener-Hollomon参数条件下，0.1s^{-1}应变速率下动态再结晶和亚动态再结晶细化效果不如1s^{-1}应变速率下的静态再结晶细化效果。但是，当应变速率为2~10s^{-1}时，尽管增加应变速率可以显著提高静态再结晶动力学，但应变速率对静态再结晶晶粒尺寸影响较小[45,46]，同时，在较低温度1000℃条件下，晶粒长大速率相对较低，使得奥氏体晶粒尺寸随着应变速率的增加而不发生明显的变化。

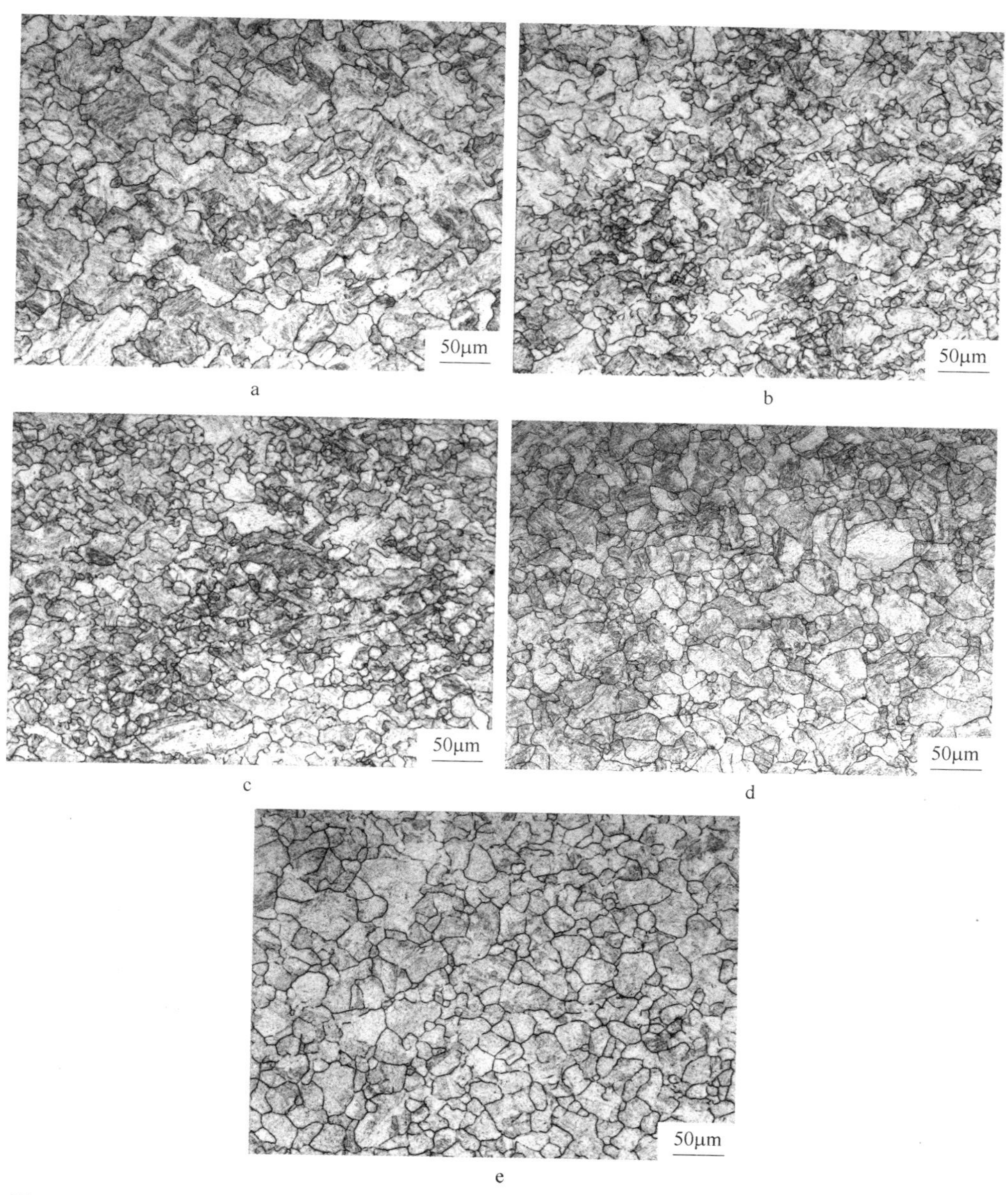

图 2-11 1150℃变形温度和 0.8 应变下不同应变速率压缩变形后立即淬火试样的奥氏体组织

a—0.1 s^{-1}；b—1 s^{-1}；c—2 s^{-1}；d—5 s^{-1}；e—10 s^{-1}

2.2.2.3 冷却速度对奥氏体晶粒尺寸的影响

对于两阶段控制轧制来说，亚动态再结晶、静态再结晶和晶粒长大主要发生在待温过程中，所以进一步研究了变形后冷却速度对奥氏体晶粒尺寸的影响。图 2-12 为 1000℃变形温度和 0.8 应变下不同应变速率压缩变形后立即淬火试样的奥氏体组织。在变形温度为 1150℃、应变为 0.8 和应变速率为 $5s^{-1}$条件下，不同冷却速度条件下的奥氏体组织如图 2-13 所示。图 2-13 显示，

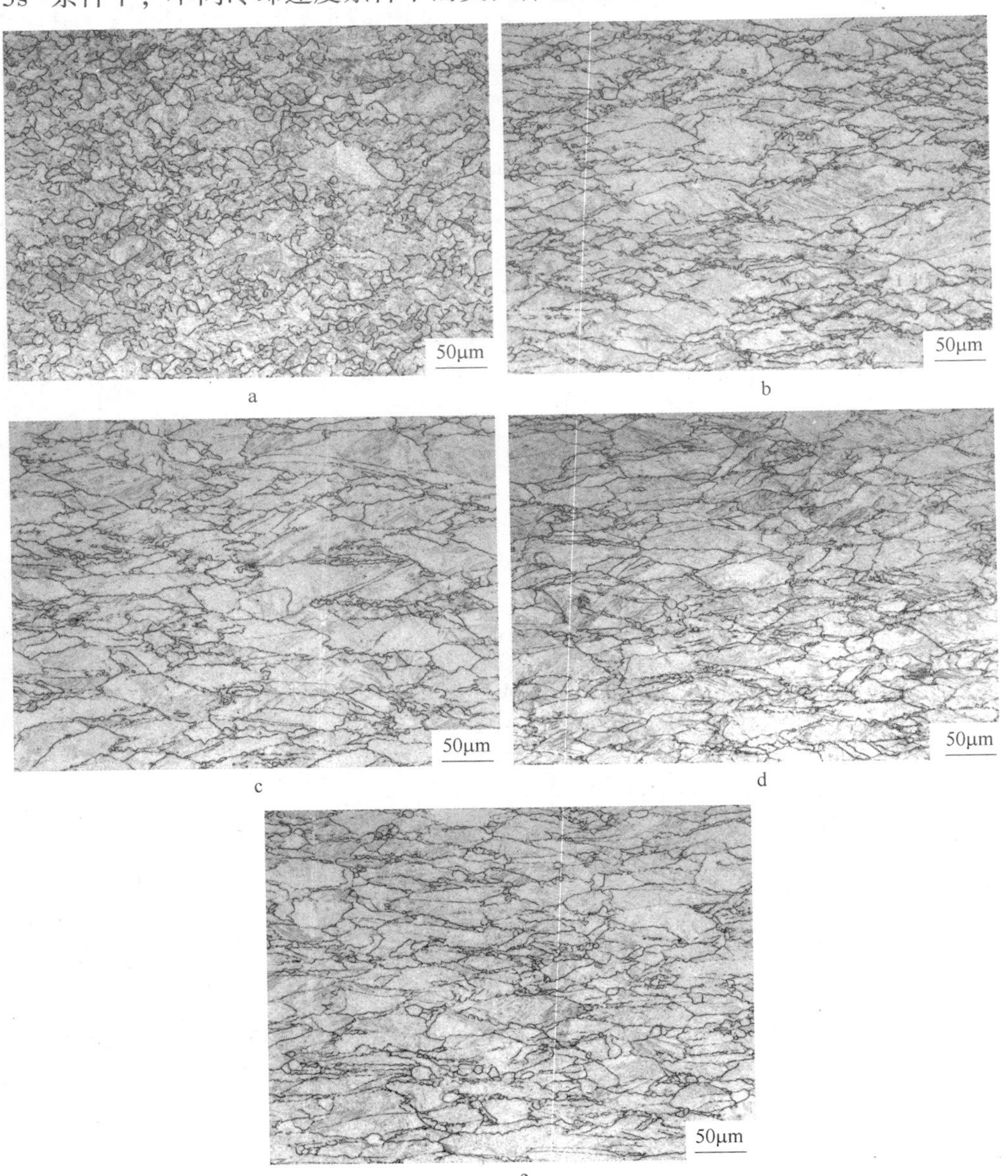

图 2-12 1000℃变形温度和 0.8 应变下不同应变速率压缩变形后立即淬火试样的奥氏体组织

a—$0.1\ s^{-1}$；b—$1\ s^{-1}$；c—$2\ s^{-1}$；d—$5\ s^{-1}$；e—$10\ s^{-1}$

图 2-13 1150℃变形温度、0.8 应变和 $5s^{-1}$应变速率时不同冷却速度条件下实验钢的奥氏体组织

a—0.5℃/s；b—1℃/s；c—2℃/s；d—5℃/s；e—10℃/s

不同冷却速度下的奥氏体晶粒基本为再结晶晶粒，且随着冷却速度的增加，奥氏体晶粒尺寸逐渐减小。上述分析表明，在此变形条件下，动态再结晶和亚动态再结晶是主要的细化机制，在连续冷却过程中主要发生晶粒的长大，

增加冷却速度可以显著缩短晶粒长大时间，所以增加冷却速度可以细化奥氏体晶粒。另外，图 2-15 显示，在 0.8 应变条件下，随着冷却速度的增加，奥氏体晶粒尺寸一直呈减小趋势，而在 0.5 应变条件下，随着冷却速度的增加，奥氏体晶粒尺寸先急剧减小后基本保持不变。这表明在 0.8 应变条件下，奥氏体晶粒具有相对较高的长大速率，所以缩短晶粒长大时间可以明显细化奥氏体晶粒。这也是 0.8 应变条件下的奥氏体晶粒尺寸略大于 0.5 应变条件下的奥氏体晶粒尺寸的原因。

在变形温度为 1000℃、应变为 0.8 和应变速率为 $5s^{-1}$ 条件下，不同冷却速度条件下的奥氏体组织如图 2-14 所示，奥氏体晶粒尺寸如图 2-15 所示。图 2-14 显示，不同冷却速度条件下的奥氏体晶粒尺寸明显小于 1150℃ 变形条件下的奥氏体晶粒尺寸，图 2-15 显示，当冷却速度大于 1℃/s，随着冷却速度的增加，奥氏体晶粒尺寸基本保持不变。同时，我们看到在冷却速度为 10℃/s 时，尽管冷却时间仅有 10s，但图 2-14e 显示基本可以得到完全再结晶组织，表明静态再结晶动力学较快。而且 0.8 应变条件下的奥氏体晶粒尺寸略小于 0.5 应变条件下的奥氏体晶粒尺寸，此结果与前述结果具有很好的一致性。

2.2.2.4 极限冷却对奥氏体冶金状态的影响规律

在应变和应变速率为 0.5 和 $5s^{-1}$ 条件下，试样在 1150℃ 下压缩变形后以 10℃/s 和 DQ 极限冷却速度冷却，其奥氏体组织状态如图 2-16 所示。图 2-16a 中的奥氏体晶粒尺寸约为 30μm，图 2-16b 中的奥氏体晶粒尺寸约为 22μm。这说明在此条件下，采用单道次变形，通过动态再结晶和亚动态再结晶可将奥氏体晶粒由约 47μm 细化至约 22μm，细化效果较好。但要实现这样的细化效果，必须在变形后尽快以大冷却速度进行冷却。在应变和应变速率为 0.5 和 $5s^{-1}$ 条件下，试样在 1000℃ 下压缩变形后以 10℃/s 和 DQ 极限冷却速度冷却，其奥氏体组织状态如图 2-17 所示。图 2-17a 中的晶粒大部分细小再结晶晶粒，局部存在少量硬化组织，图 2-17b 显示，在此条件下，采用单道次变形后，即使立即以 DQ 极限冷却速度进行冷却，组织中还存在一定量的再结晶晶粒，所以要想在高温条件下得到硬化组织，一方面要抑制动态再结晶发生，另一方面要立即以大冷却速度进行冷却。

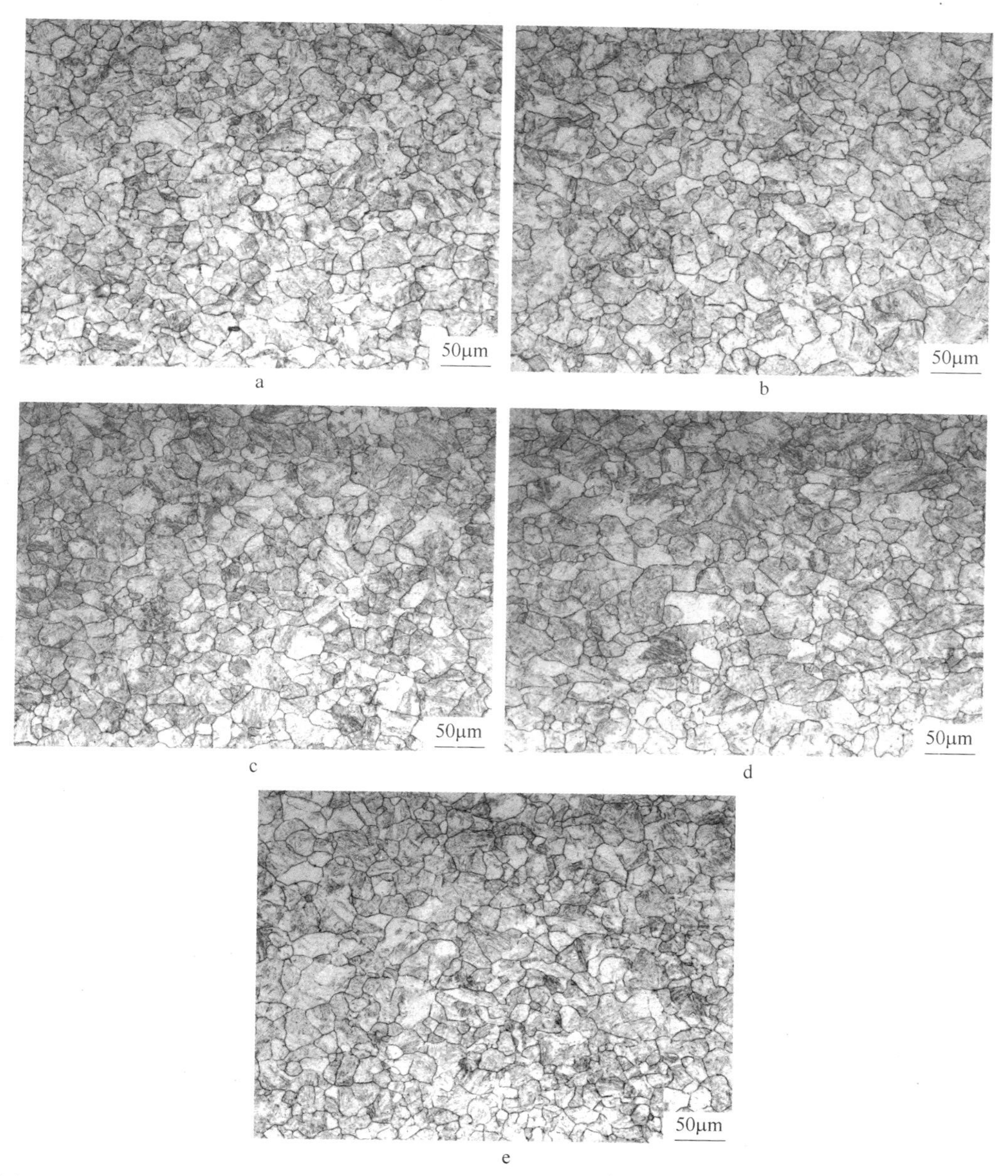

图 2-14 1000℃变形温度、0.8 应变和 $5s^{-1}$ 应变速率时不同冷却速度条件下实验钢的奥氏体组织

a—0.5℃/s；b—1℃/s；c—2℃/s；d—5℃/s；e—10℃/s

当变形温度为 1150℃、应变为 0.5 和应变速率为 $5s^{-1}$ 时，在考虑 DQ 极限冷却条件下，冷却速度对奥氏体晶粒尺寸的影响规律如图 2-18 所示。图 2-18 显示，在一个很宽的冷却速度范围内，随着冷却速度的增加，奥氏体晶粒尺

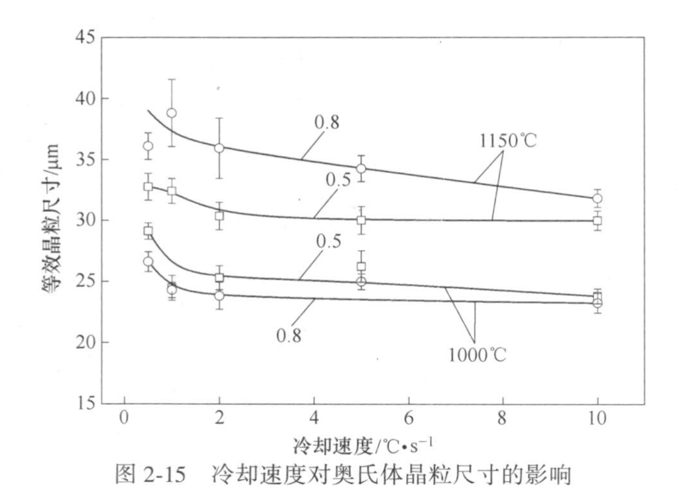

图 2-15　冷却速度对奥氏体晶粒尺寸的影响

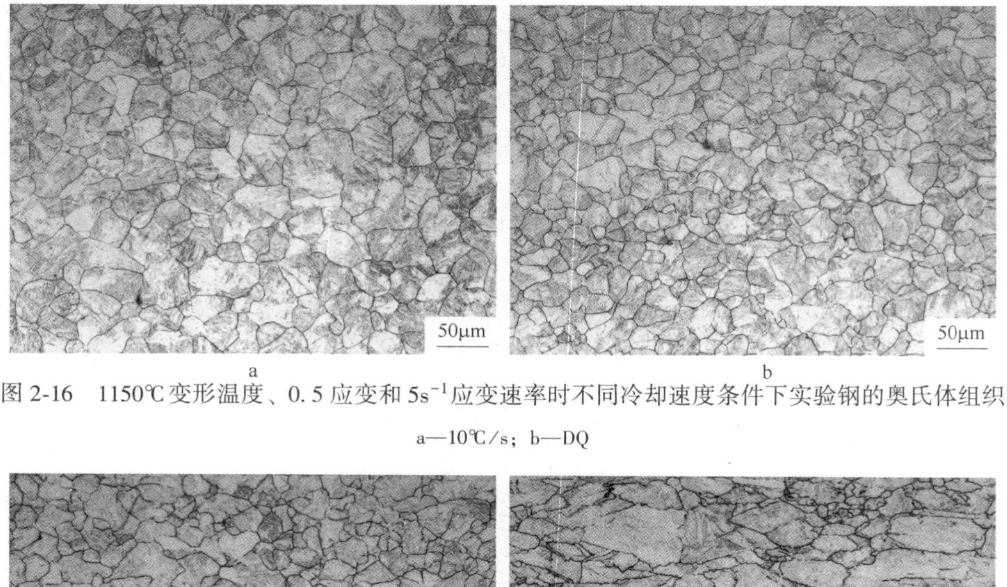

50μm
a
50μm
b

图 2-16　1150℃变形温度、0.5 应变和 $5s^{-1}$ 应变速率时不同冷却速度条件下实验钢的奥氏体组织

a—10℃/s；b—DQ

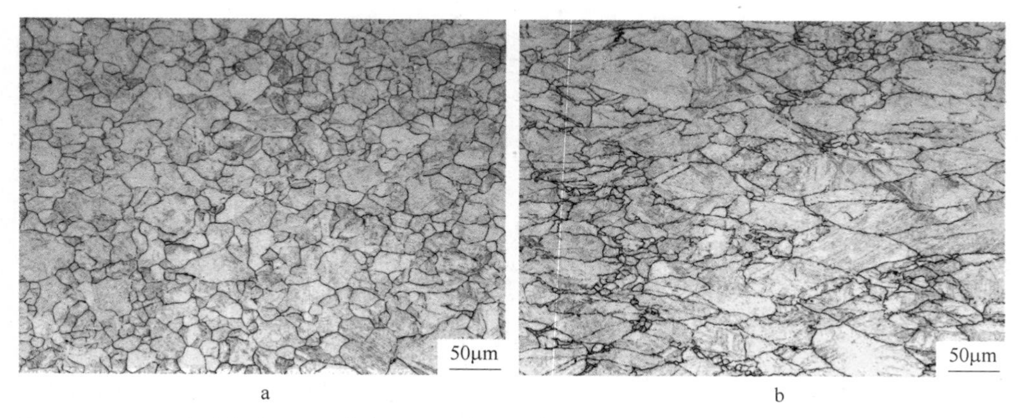

图 2-17　1000℃变形温度、0.5 应变和 $5s^{-1}$ 应变速率时不同冷却速度条件下实验钢的奥氏体组织

a—10℃/s；b—DQ

寸先急剧减小，然后基本保持不变，最后又急剧减小。在此条件下，如果只能适当增加冷却速度，仅能将奥氏体晶粒尺寸由 0.5℃/s 下的约 33μm 细化至 2℃/s 下的约 30μm；但是如果冷却速度足够大，可将奥氏体晶粒尺寸由 0.5℃/s 下的约 33μm 细化至极限冷却下的约 22μm，细化效果显著，说明采用超快速冷却在细化奥氏体组织方面作用显著。

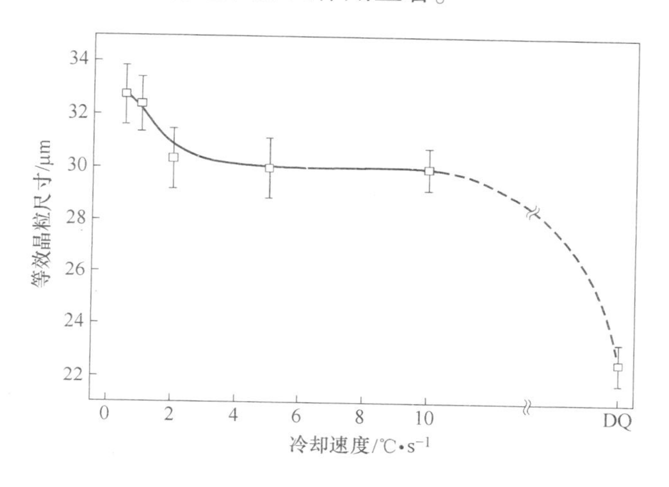

图 2-18　冷却速度对奥氏体晶粒尺寸的影响

2.3　阶梯试样轧制过程中奥氏体组织演变规律

2.3.1　实验材料及方法

实验材料来自某钢厂 AH32 船板钢坯料，其成分如表 2-2 所示。将实验钢坯料加工成图 2-19 所示的阶梯形试样若干个，用于阶梯试样压缩实验。

表 2-2　实验钢化学成分　（质量分数,%）

C	Si	Mn	Ti	Nb
≤0.15	≤0.4	≤2.0	≤0.04	≤0.06

实验在东北大学轧制技术及连轧自动化国家重点实验室的热轧试验机组上进行。轧制设备为 ϕ450 二辊可逆热轧机，在该轧制机组后面配有超快速冷却和层流冷却系统，其冷却能力大小为 3~100℃/s。

阶梯试样压缩实验主要模拟现场轧制，研究实际轧制条件下，变形温度、变形量对实验钢热变形行为的影响，以及热轧变形对空冷相变组织的影响。

2.3.1.1 阶梯样压缩实验一

本实验主要研究实验钢在不同变形温度和变形量条件下的动态再结晶情况，及再结晶细化晶粒的情况。具体实验方案为：将阶梯形试样加热到1200℃，保温10min后，空冷至不同温度，适当保温以消除试样内部的温度梯度，然后进行单道次轧制。变形温度分别取1000℃、950℃、900℃、850℃，沿阶梯样长度方向各部分的相对变形量分别为0%、10%、20%、30%、40%、50%，试样最终厚度为6mm（由于存在轧机弹跳，将辊缝近似设为4mm），其原始尺寸如图2-19中所示。

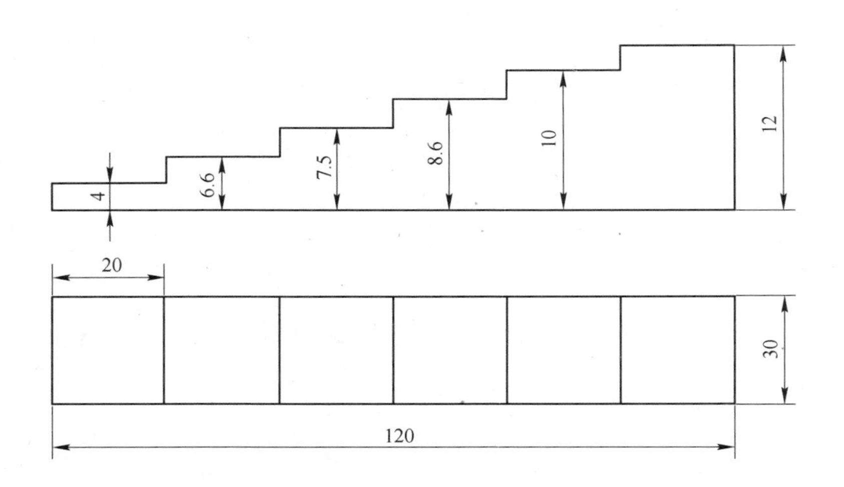

图2-19 阶梯形试样（单位：mm）

轧后立刻淬火，并将淬火后的试样沿长度方向不同变形量部位取样，磨制成金相试样。经抛光后，放入（磨好的面朝上）75℃左右的腐蚀液中进行侵蚀，侵蚀时间控制在30~40s，取出试样后立即用脱脂棉擦拭其表面黏膜，然后用酒精冲洗吹干。若腐蚀太浅，可继续腐蚀；若腐蚀太深，可轻轻地抛光。所用腐蚀液由80mL左右的过饱和苦味酸水溶液加1滴氢氟酸和1滴二甲苯及适量海鸥牌洗发膏配成[30,31]。在光学显微镜下观察奥氏体变形后的形貌特征，计算晶粒尺寸，并统计奥氏体再结晶晶粒面积分数。

2.3.1.2 阶梯样压缩实验二

本实验的目的是研究900℃变形温度下，不同变形量对实验钢轧后空冷组织的影响。具体实验方案为：将阶梯形试样加热到1200℃，保温10min后，空冷至900℃，适当保温后进行单道次轧制。变形后直接空冷至室温。将冷却后的试样分别在不同变形量部位取样，磨制成金相试样，并经抛光后用4%的硝酸酒精溶液进行腐蚀，在光学显微镜下观察形貌并测定晶粒尺寸。

2.3.2 实验结果及讨论

2.3.2.1 变形量对奥氏体动态再结晶行为的影响

图2-20为实验钢在1000℃变形温度下，不同相对变形量对应的奥氏体组织演变情况。可以看出，在1000℃变形温度下，当变形量为10%时，产生了少数动态再结晶晶粒；随变形量增加，动态再结晶形核速率迅速增加，动态再结晶分数随之增大；当变形量达到30%时，动态再结晶分数为50%左右；其后随变形量增加，动态再结晶程度进一步增大，当变形量达到50%时，再结晶分数超过90%，动态再结晶基本完成。结果表明，加大变形量可以促进奥氏体动态再结晶的进行。

图2-21为实验钢在900℃变形温度下，不同相对变形量对应的奥氏体组织演变情况。可以看出，900℃变形温度下，当变形量低于30%时，奥氏体晶粒比较大，呈压扁状态，基本没有动态再结晶晶粒；当变形量增加到40%时，可以看到在三晶界接触部位，产生了较多较小的再结晶晶粒，这是由于能量相对较高的晶界通过不断弓起，提供了动态再结晶晶核，从而引起动态再结晶的发生；变形量增大到50%时，小晶粒明显增多，动态再结晶分数为40%左右。结果表明，实验钢在900℃变形条件下，相对变形量达到50%时，发生了部分再结晶。

通过对900℃和1000℃变形温度下，不同变形量试样再结晶分数的统计，绘制了奥氏体再结晶分数（X_r）与相对变形量（ε）的关系曲线，如图2-22所示。可以看出，在相同的变形温度条件下，奥氏体再结晶分数随着相对变形量的增加而增加，但不同温度下的变化规律不同。在900℃变形温度下，

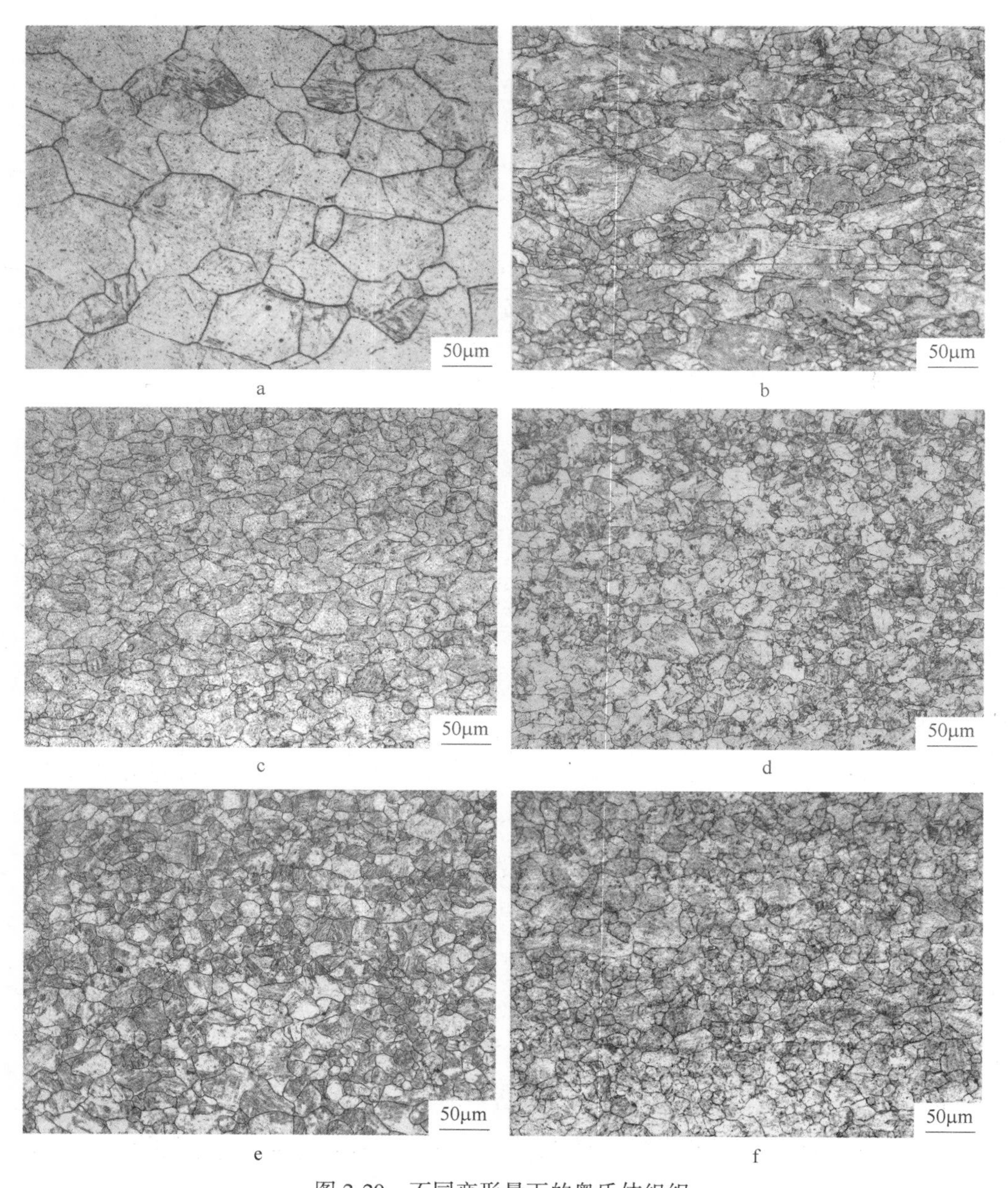

图 2-20 不同变形量下的奥氏体组织

a—0.0%；b—10%；c—20%；d—30%；e—40%；f—50%

ε<30%时，奥氏体再结晶分数增加比较缓慢；ε=30%~50%时增加速度明显加快。在1000℃变形温度下，ε=10%~30%时，奥氏体再结晶分数迅速增加，且在ε=20%时曲线出现明显向上偏离；而当ε>30%时，奥氏体再结晶分数

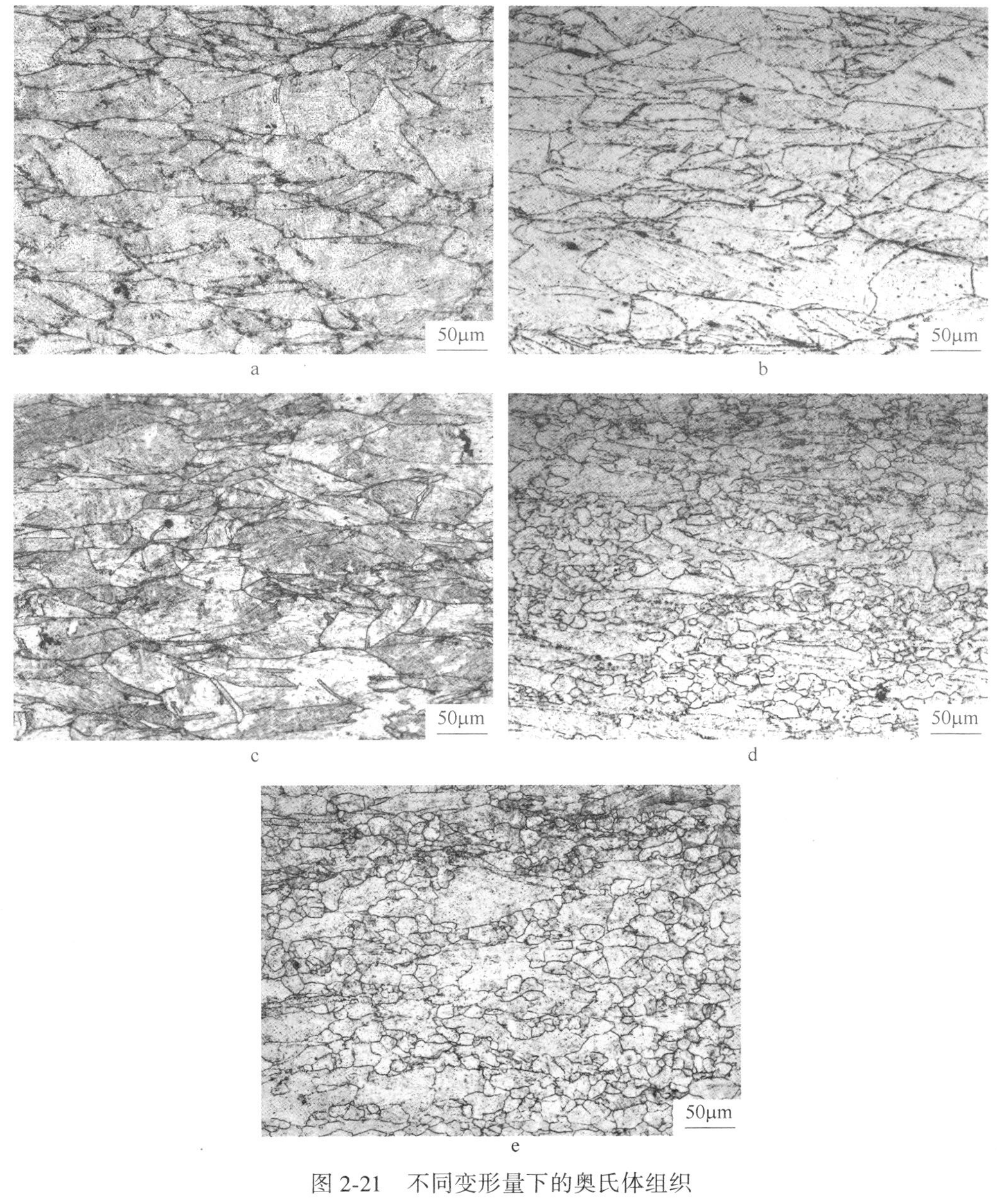

图 2-21 不同变形量下的奥氏体组织

a—10%；b—20%；c—30%；d—40%；e—50%

增加趋于平缓。

出现这种现象与形变奥氏体晶粒内储存能的变化有关。当时间一定时，再结晶分数的多少主要取决于再结晶形核速率和长大速率，而形核速率和长

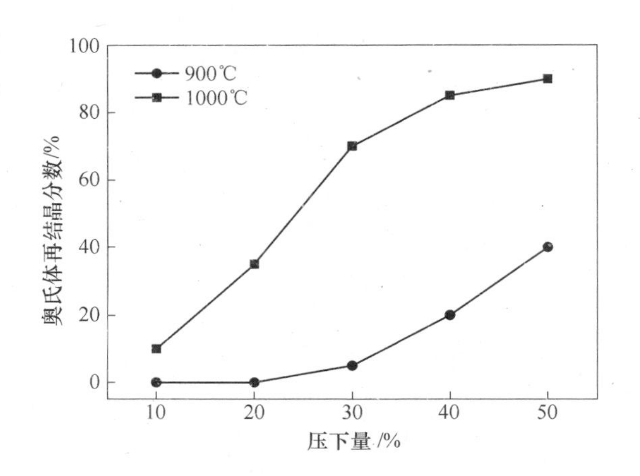

图 2-22 奥氏体再结晶分数与压下量的关系

大速率都与变形量有关。变形量增加时，晶粒变形加剧，内部出现大量变形带，有效界面积增加，当晶界上和晶粒内温度低时，再结晶形核点较少，再结晶分数随变形量变化较缓慢；当变形温度较高，发生再结晶时，不仅可以在晶界处形核，变形带上均可以形成再结晶核心，使形核率增加，促进了再结晶的发生。因此，变形量越大，奥氏体再结晶程度越高，并且在变形温度较高时，再结晶分数随变形量增加迅速上升。另外，晶粒因发生畸变而增加了储存能，发生再结晶时晶核长大的驱动力增加，加速了再结晶的发生；但储存能的变化率随变形量的增加是减小的，因此，当变形量增加到一定值后，再结晶分数增加速率变缓。

2.3.2.2 变形温度对奥氏体动态再结晶行为的影响

图 2-23 为不同变形温度下，相对变形量为 50% 的奥氏体组织。可以看出，在同一应变速率与变形量下，变形温度较低的图 2-23a 中，存在较多变形后残留的破碎的奥氏体晶粒，而几乎没有再结晶晶粒；而变形温度较高的图 2-23b 中，在原始的大块奥氏体晶粒周边产生了较多细小的再结晶晶粒，变形奥氏体明显已经发生了动态再结晶；变形温度更高的图 2-23c、d 中，几乎看不到破碎的变形组织，动态再结晶基本完成。结果表明，在同一应变速率与变形量下，变形温度越高，奥氏体动态再结晶越显著。

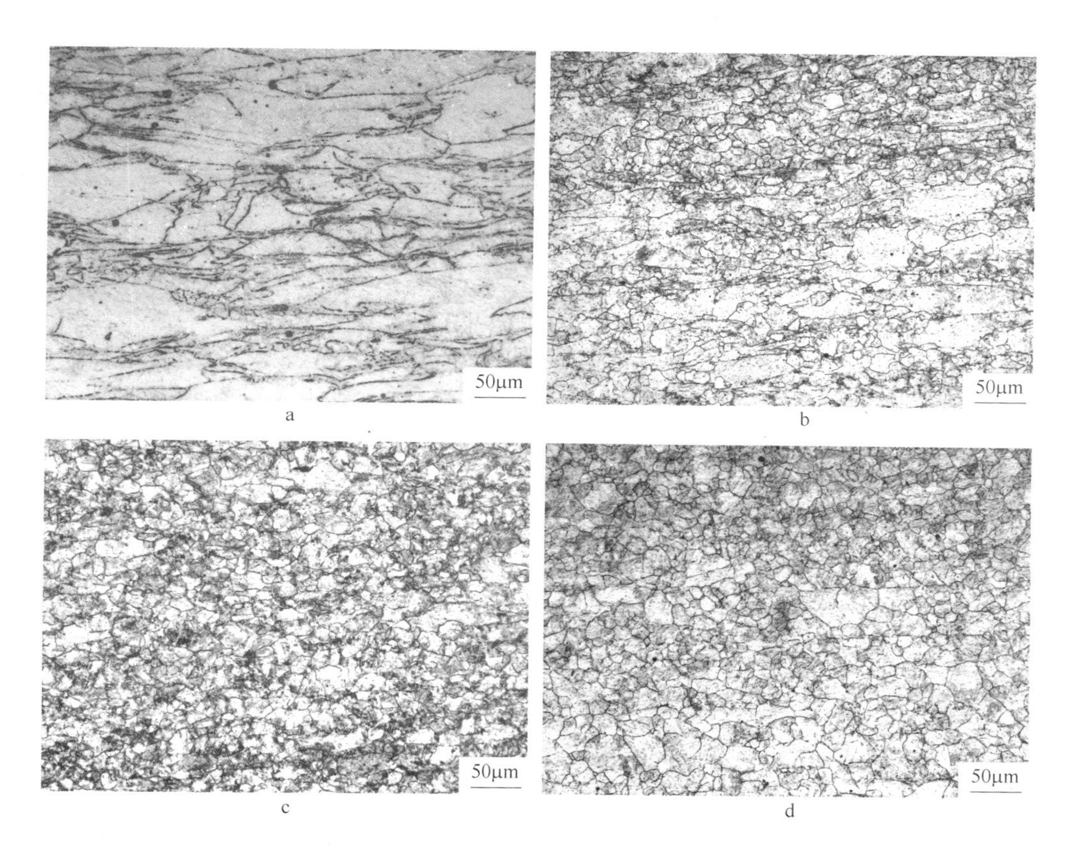

图 2-23 不同变形温度下的奥氏体组织（$\varepsilon=50\%$）

a—850℃；b—900℃；c—950℃；d—1000℃

通过对再结晶分数的统计，绘制了相对变形量为50%时，奥氏体再结晶分数与变形温度的关系曲线，如图2-24所示。可以看出，在变形量相同的条件下，奥氏体再结晶分数随着变形温度的升高而增加，在850℃变形温度下，即使达到50%的变形量也没有发生动态再结晶。这是因为再结晶的形核是个热激活的过程，随温度的升高，金属原子热震动的振幅增大，原子间键力减弱，金属原子间的结合力降低，空位和原子扩散以及位错交滑移和攀移的驱动力增大，更容易发生动态再结晶。同时，再结晶核心的长大亦可看做是晶界向畸变能较高的晶粒中迁移的过程，亦即晶界原子扩散的结果，而温度是使扩散加快的重要因素。因此，当温度升高时，再结晶的形核速率及长大速度增加，使奥氏体再结晶数量增加。

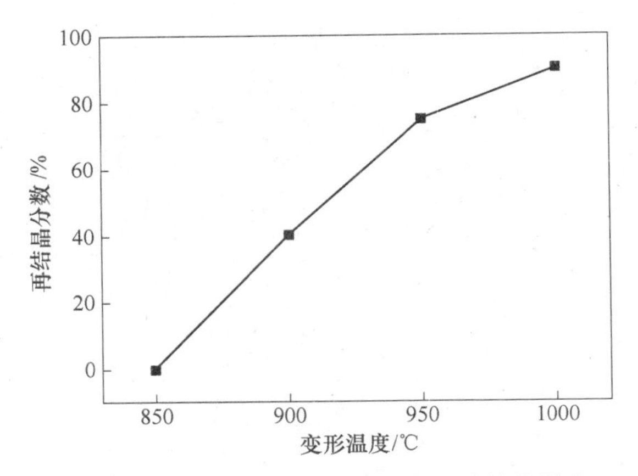

图 2-24　变形温度对奥氏体再结晶分数的影响

3 奥氏体中应变诱导析出规律

3.1 引言

控轧控冷中，除了对奥氏体组织的控制外，同时还需要充分考虑奥氏体中的析出问题。微合金碳化物或碳氮化物的析出在高强钢中起着重要的作用，如奥氏体化过程中，TiN 的存在可有效抑制奥氏体晶粒的粗化；轧制过程中，微合金碳氮化物的应变诱导析出将有效延迟奥氏体的再结晶[55,56]，有效提高 T_{nr}，但奥氏体中析出温度相对较高，析出粒子易发生粗化，因此奥氏体析出的沉淀强化较弱；在后续相变过程中，通过冷却路径的合理控制，可很好地实现 Nb、V 和 Ti 的相间沉淀[57~59]或铁素体基体中弥散析出。所以，有必要研究奥氏体中的应变诱导析出规律，尤其是连续冷却条件下的应变诱导析出规律，进而实现微合金碳化物或碳氮化物在钢铁材料中析出的合理控制，有效实现 TMCP 工艺中析出的控制。

3.2 计算模型

3.2.1 $1/A_r$ 法

对于 Nb-Ti 微合金钢来说，应变诱导析出于位错、亚晶界和晶界的微合金碳氮化物将推迟再结晶晶粒的形核、晶核长大和晶界迁移，进而推迟静态再结晶的进行。Hong 等[60]指出面积法对析出导致应变能的改变非常敏感，所以本书也采用面积法处理双道次压缩实验数据。

$$X_A = \frac{A_m - A_r}{A_m - A_0} \tag{3-1}$$

式中，X_A 为软化率；A_m、A_0、A_r 为真应力-应变曲线下方的面积，见图 3-1。

同时采用积分的方法准确计算了 A_m、A_0 和 A_r 值。而式（3-1）可写为如下形式：

$$X_A = \frac{A_m}{A_m - A_0} - \frac{1}{A_m - A_0}A_r \tag{3-2}$$

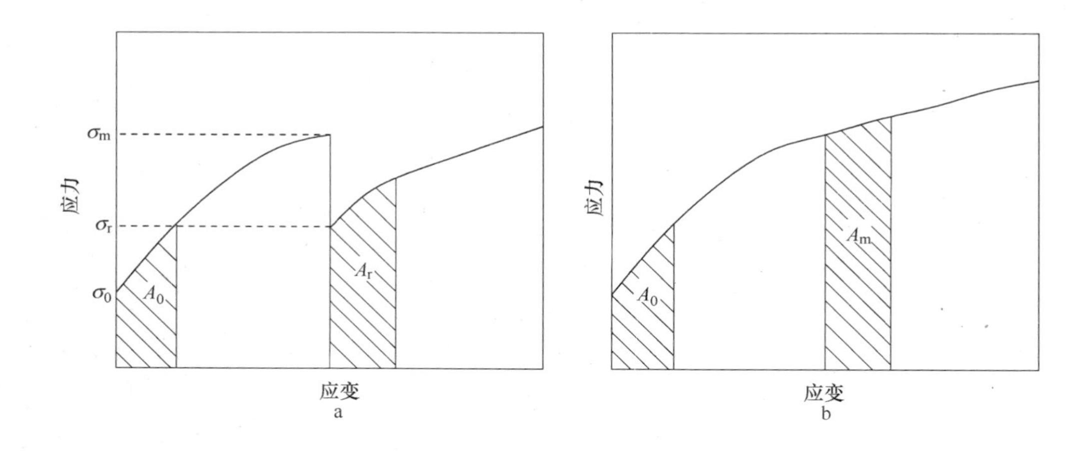

图 3-1 双道次压缩应力-应变曲线

a—有道次间隔；b—无道次间隔

在相同变形条件下，A_m和A_0保持不变，所以X_A仅为A_r的函数，且X_A随着$1/A_r$的增加而增加，因为X_A和$1/A_r$的变化规律一致，所以可用$1/A_r-t$曲线代替X_A-t曲线，此方法可以简化数据处理过程。

$1/A_r-t$曲线和X_A-t曲线的对比如图3-2所示，可以看出$1/A_r$和X_A随保温时间增加的变化规律一致，说明可以用$1/A_r$法来确定应变诱导析出的P_s和P_f。

3.2.2 积分能量法

为了精确计算A_r值，对应力-应变曲线进行了回归，且计算应力-应变曲线与实测应力-应变曲线具有很好的一致性，见图3-3。所以可以采用式(3-3)精确计算A_r值。

$$A_r = \int_{\varepsilon_1}^{\varepsilon_2} \sigma \mathrm{d}\varepsilon = \int_{\varepsilon_1}^{\varepsilon_2} C\varepsilon^n \mathrm{d}\varepsilon = \frac{C}{n+1}\varepsilon^{n+1}\bigg|_{\varepsilon_1}^{\varepsilon_2} \tag{3-3}$$

式中 C——常数；

n——加工硬化指数。

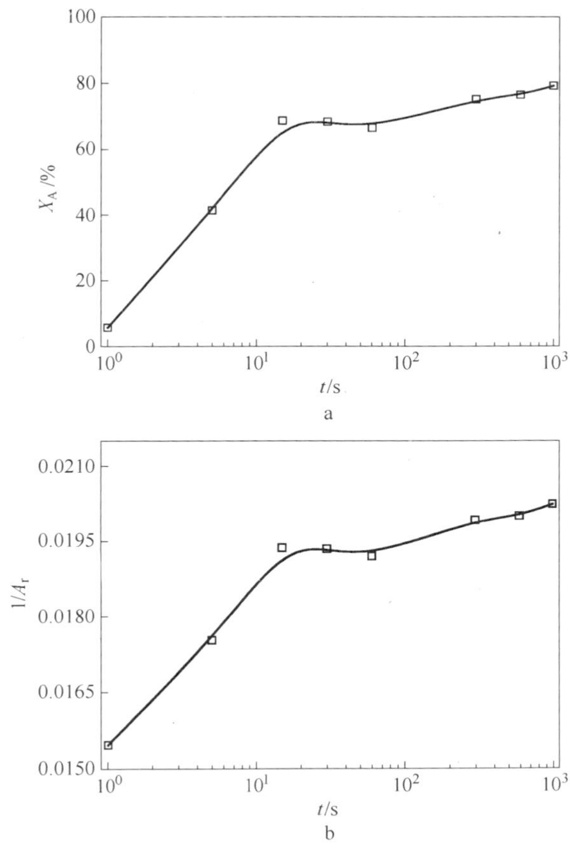

图 3-2 某一温度下的 $1/A_r-t$ 曲线和 X_A-t 曲线比较

a—X_A-t 曲线；b—$1/A_r-t$ 曲线

3.2.3 P_s模型概述

采用 L-J 模型计算应变诱导 Nb（C，N）析出的完整 PTT 曲线，同时对有关参数进行了修正。

$$P_s = \frac{N_c a_{Nb(C,N)}^3}{D_0 \rho}(X_{Nb})^{-1} \exp\frac{Q}{RT} \exp\frac{\Delta G^*}{kT} \qquad (3\text{-}4)$$

式中 N_c——单位体积内的临界晶核数目；

$a_{Nb(C,N)}$——Nb（C，N）的晶格常数；

D_0——扩散常数；

ρ——位错密度；

X_{Nb}——固溶 Nb 的摩尔分数；

Q——Nb 的扩散激活能；

R——气体常数；

k——玻耳兹曼常数；

ΔG^*——临界形核功；

T——绝对温度。

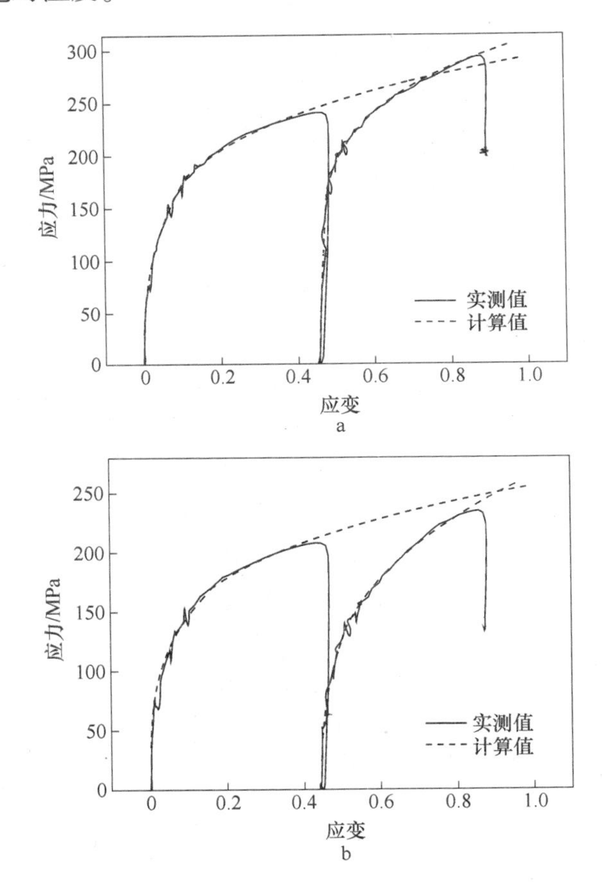

图 3-3 双道次压缩应力-应变曲线

a—变形温度：850℃，道次间隔时间：60s；b—变形温度：925℃，道次间隔时间：60s

根据已报道数据，确定 $Q=266.5\text{kJ/mol}$，$D_0=0.83\text{cm}^2/\text{s}$[61]，另外，为了计算 P_s，还需要确定 ΔG^*、N_c和 ρ。

对于均匀形核来说，临界形核功 ΔG^* 可表示为：

$$\Delta G^* = \frac{16\pi\sigma^3}{3(\Delta G_v + \Delta G_e)^2} \tag{3-5}$$

式中 σ——析出粒子和基体的界面能，且其典型值为 0.5J/m^2；

ΔG_v——单位体积内的自由能变化；

ΔG_e——单位体积内的弹性应变能。

但是，对于在位错或晶界形核的非均匀形核来说，其临界形核功将会降低，所以式（3-5）可表示为：

$$\Delta G^* = \frac{16\pi\sigma^3 f}{3(\Delta G_v + \Delta G_e)^2} \tag{3-6}$$

式中 f——修正因子。

ΔG_e的值取决于析出粒子和基体之间是共格关系、半共格关系还是不共格关系。如果析出粒子和基体间为不共格关系，晶格不会产生畸变，此时为$\Delta G_e = 0$。只有析出粒子和基体间为半共格关系和共格关系情况下，ΔG_e才大于 0。但是研究表明，认为析出粒子和奥氏体间为不共格关系，至多为半共格关系，且对于半共格关系来说，由于界面处失配位错的存在，使得界面处的有效错配很少，进而产生极少的弹性畸变，所以可认为 $\Delta G_e = 0$[62]。

另外，根据固溶度积公式可推导出 ΔG_v表达式：

$$\begin{aligned}\Delta G_v &= \frac{\Delta G_M}{V_M} = \frac{-RB\ln 10 + RT(A\ln 10 - \ln[M][C])}{V_M} \\ &= -\frac{RT}{V_M}(-\ln 10^{A-\frac{B}{T}} + \ln[M][C]) \\ &= -\frac{RT}{V_M}\ln\frac{[M][C]}{10^{A-\frac{B}{T}}} = -\frac{RT}{V_M}\ln k_s\end{aligned} \tag{3-7}$$

式中 V_M——碳氮化物的摩尔体积，其值为 1.28×10^{-5}m^3/mol；

k_s——过饱和率。

另外，本研究报告采用 Irvine 等[63]给出的固溶度积公式，如下：

$$\log[Nb][C + 12/14N] = 2.26 - 6770/T \tag{3-8}$$

虽然参数 N_c和 ρ 没有确定，但 N_c/ρ 的值可以通过实测的 P_s确定，本文采用 N_c/ρ 的平均值，并将此值代入 L-J 模型计算 P_s。

3.2.4 P_f模型概述

采用 Park 等[61]给出的形核长大模型计算 P_s。

$$Y = 1 - \exp\left\{ -\frac{16\sqrt{2}}{15}\pi \frac{X_{Nb}\rho}{a^3_{Nb(C,N)}} D_0^{\frac{5}{2}} \left[\frac{C_M - C_1}{(r_s - 1)^3 (C_P - C_1)} \right]^{\frac{1}{2}} \exp\left(-\frac{\frac{5}{2}Q}{RT} \right) \exp\left(-\frac{\Delta G^*}{kT} \right) t^{\frac{5}{2}} \right\} \tag{3-9}$$

3.2.5 可加性法则

Umemoto 等[64]指出，根据 TTT（Time Temperature Transformation，TTT）曲线可采用可加性法则计算 CCT（Continuous Cooling Transformation，CCT）曲线，本文同样采用可加性法则计算 CCP 曲线，且 Park 等[61]的研究结果表明，采用可加性法则计算的 CCP 曲线同 TEM 观察结果具有很好的一致性。

可加性法则是时间步长 Δt_i与析出孕育期 $\tau(T_i)$ 的比值之和等于 1：

$$\sum_{i=1}^{n} \frac{\Delta t_i}{\tau(T_i)} = 1 \tag{3-10}$$

3.3 实验材料及方法

实验钢的化学成分如表 3-1 所示。为了使 Nb 充分固溶，将 12mm 热轧板进行预淬火处理，然后从预淬火板上切取试样并加工为 ϕ8mm×15mm 圆柱形试样。

表 3-1 实验钢化学成分 （质量分数，%）

C	Si	Mn	P	S	Ti	Nb	N
0. 055	0. 27	1. 32	0. 006	0. 006	0. 02	0. 032	0. 0064

采用 Gleeble 3800 热力模拟实验机进行双道次压缩实验，并记录压缩变形中的真应力-真应变数据，热模拟工艺如图 3-4 所示。将热模拟试样重新加热至 1200℃ 并保温 300s，然后以 10℃/s 的冷却速度冷至不同的变形温度（850℃、900℃、925℃和 950℃）并保温 30s 以消除温度梯度，第一道次变形后保温不同的时间后进行第二道次压缩，第一道次和第二道次的真应变和应变速率均为 0. 5s^{-1}和 10s^{-1}，道次间隔时间为 1～1000s。

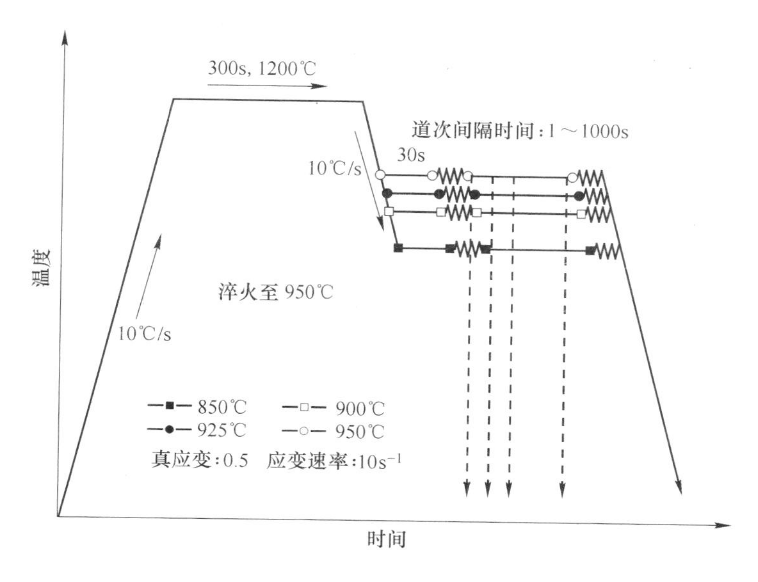

图 3-4 双道次压缩热模拟工艺

为了研究保温过程中析出粒子的演变规律，第一道次变形后保温不同的时间水淬至室温。从淬火试样上切取约 500μm 厚薄试样，机械减薄至约 50μm 后冲为 ϕ3mm 圆片，并采用电解双喷减薄仪（Struers TenuPol-5）将 ϕ3mm 圆片进一步减薄，制成 TEM 薄膜试样，用于 TEM（FEI Tecnai G^2 F20）分析，电解液含 9%的高氯酸和 91%的无水乙醇，电解双喷减薄温度、电压、电流分别为-30℃、31V 和 50mA。

3.4 结果及讨论

3.4.1 $1/A_r$-t 曲线和 PTT 曲线

根据双道次压缩实验数据绘制了实验钢的 $1/A_r$-t 曲线，如图 3-5 所示。形成于位错、亚晶界和晶界等的析出粒子延迟再结晶晶粒的形核、晶核的长大和晶界迁移，进而推迟静态再结晶的进行。这就是为什么在 $1/A_r$-t 曲线上出现平台的原因，所以从 $1/A_r$-t 曲线上的平台可以确定析出开始时间和结束时间。另外，实验条件下的 $1/A_r$-t 曲线均存在平台，表明在所研究的温度下均会发生应变诱导析出，也就是应变诱导析出开始温度高于 950℃。同时，根据图 3-5 所确定的 P_s和 P_f，绘制了实验钢的 PTT 曲线，如图 3-6 所示。

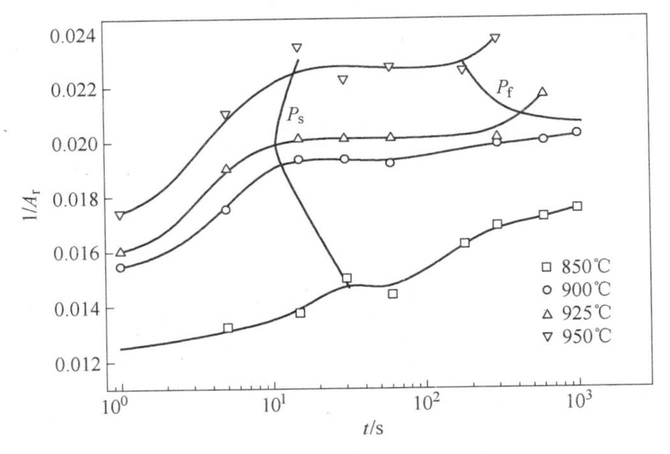

图 3-5 实验钢的 $1/A_r$-t 曲线

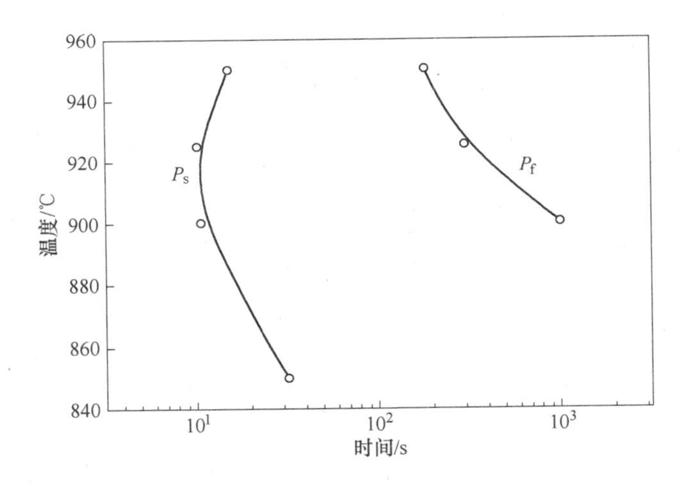

图 3-6 应变诱导析出的 PTT 曲线

可见，实验钢的 PTT 曲线为典型的“C”型，鼻尖温度在 900~925℃之间。在鼻尖温度以上，有效扩散系数较高，但由过饱和度提供的析出驱动力较低；在鼻尖温度以下，有效扩散系数较低，但由过饱和度提供的析出驱动力较高，所以存在一个析出最快的温度，使得 PTT 曲线呈“C”型。

将实测数据确定的 N_c/ρ 平均值代入 L-J 模型，计算了应变诱导析出的完整 PTT 曲线，如图 3-7 所示。图 3-7 表明，当把修正因子 f 修正为 0.022 时，计算的完整 PTT 曲线与实测 PTT 曲线具有很好的一致性。

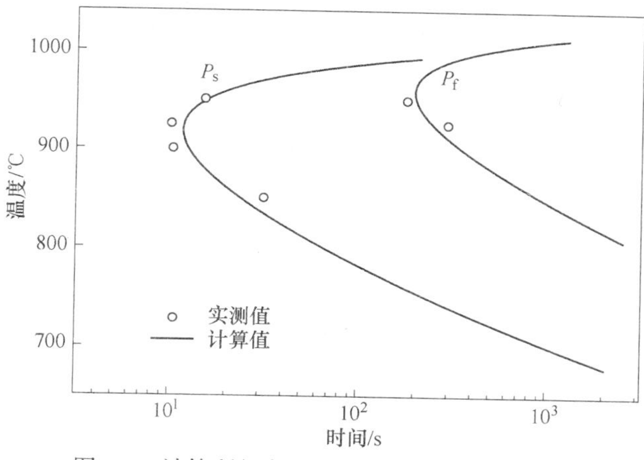

图 3-7 计算所得完整应变诱导析出 PTT 曲线

3.4.2 CCP 曲线的计算

根据完整的 PTT 曲线，采用可加性法则计算了 1050℃开冷温度下的 CCP 曲线，如图 3-8 所示。可见，CCP 曲线也为“C”型，但不是典型的“C”型，析出开始线的鼻尖温度约为 847℃，析出结束线的鼻尖温度约为 865℃。在 PTT 曲线的鼻尖温度之上，CCP 曲线类似于 PTT 曲线，但在 PTT 曲线的鼻尖温度之下，CCP 曲线同 PTT 曲线具有较大的差异性，这与 Park 等的研究一致[61]。另外，同 PTT 曲线相比，CCP 曲线向右下方移，这是因为在连续冷却条件下需要更大的过冷度，且析出所需的过冷度随着冷却速度的增加而增加。

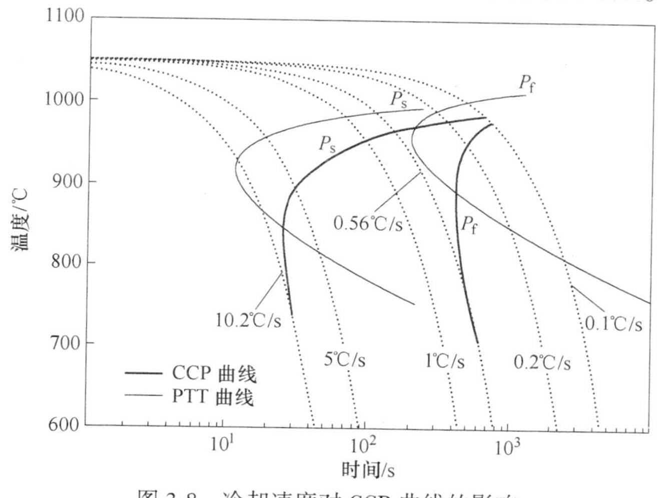

图 3-8 冷却速度对 CCP 曲线的影响

3.4.3 等温过程中的析出行为

950℃变形后，不同等温时间条件下淬火试样的 TEM 形貌，如图 3-9 所示。图 3-9a，b 显示，变形后立即淬火试样中未观察到细小析出粒子，只观察到一些未溶的 TiN 粒子，说明未发生应变诱导析出。图 3-9c，d 显示，当保温时间达到 15s 时，仍未观察到细小的析出粒子，即使在位错上也不存在析出粒子，说明应变诱导析出仍未发生。图 3-9e、f 显示，当保温时间达到 30s 时，观察到大量细小的析出粒子，说明应变诱导析出已经发生。图 3-9g、h 中存在大量的圆形析出粒子，说明延长保温时间至 300s，析出粒子发生一定程度的粗化。

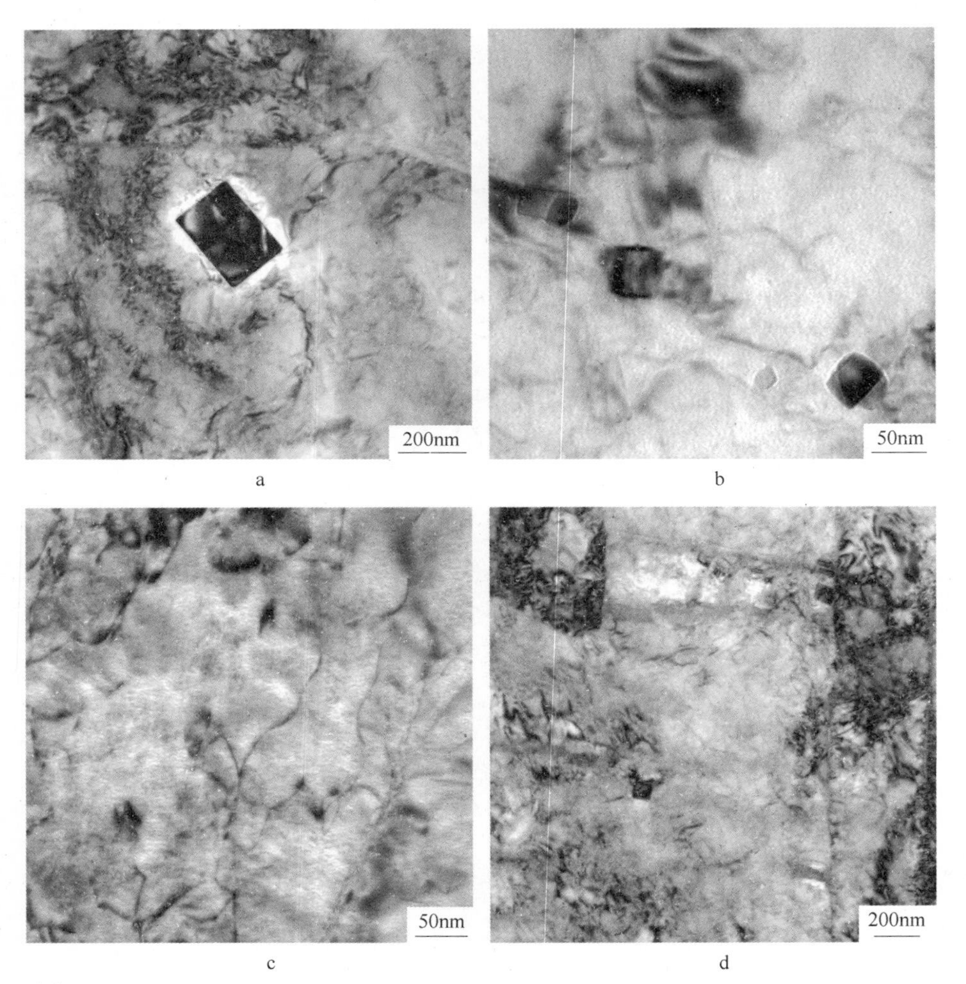

a b
c d

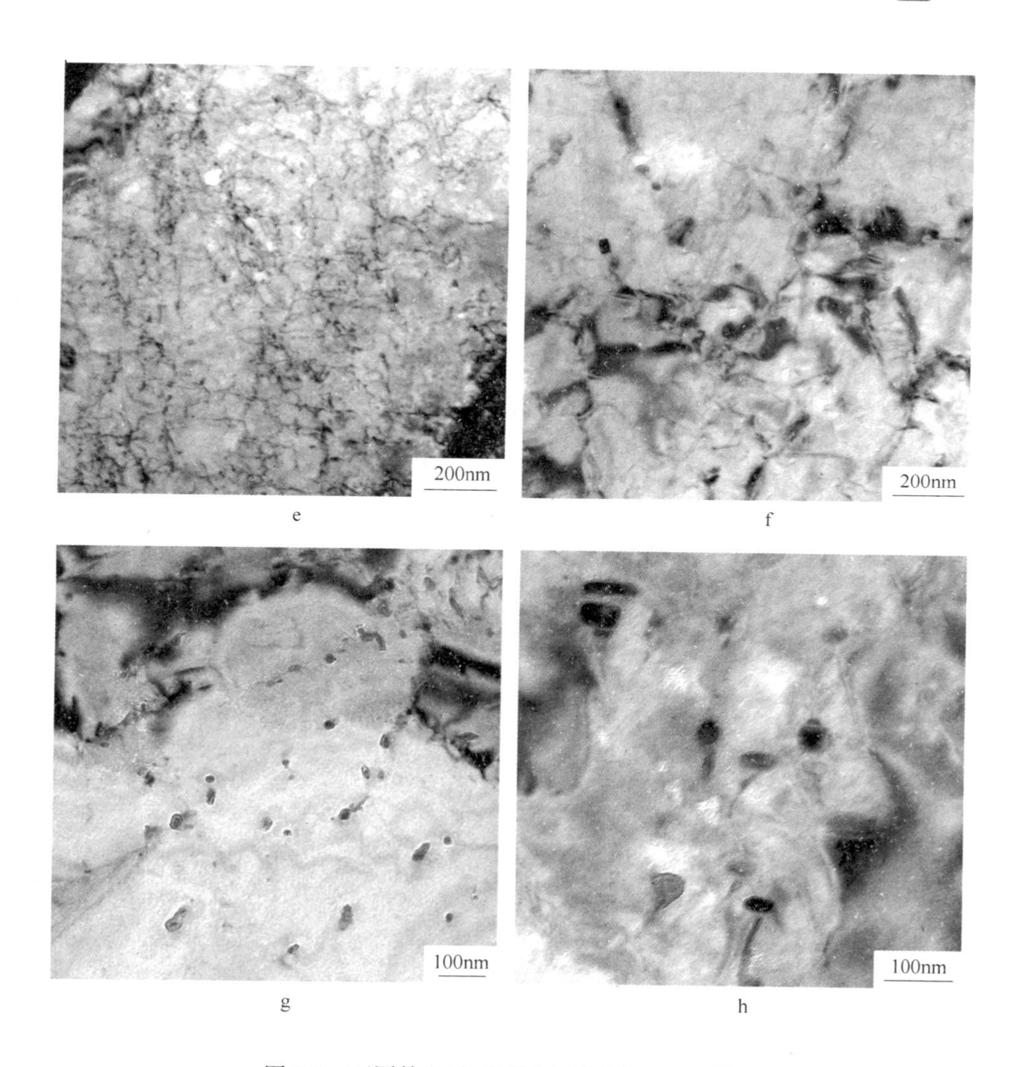

e f g h

图 3-9 不同等温时间下淬火试样的 TEM 形貌

a, b—0s; c, d—15s; e, f—30s; g, h—300s

析出粒子尺寸分布如图 3-10 所示。图 3-10a 显示，试样中不存在尺寸小于 5nm 的析出粒子，主要为未溶的 TiN 粒子。图 3-10b 显示，尺寸为 10nm 的析出粒子的相对百分数高达 40%，同时存在大量细小析出粒子。可见，950℃变形条件下，应变诱导析出开始时间在 15~30s 之间，与采用双道次压缩实验间接确定的析出开始时间相近。图 3-10c 表明析出粒子发生了明显的粗化。

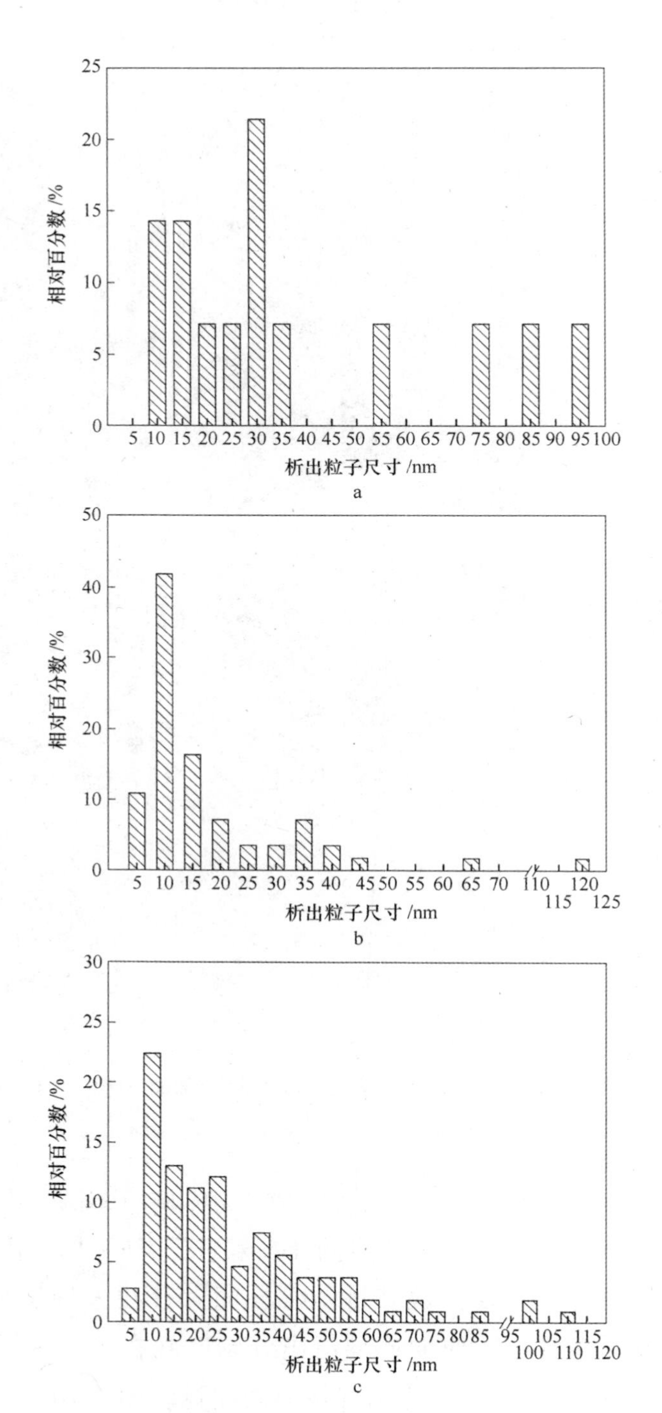

图 3-10 不同等温时间下淬火试样中析出粒子尺寸与相对百分数

a—15s；b—30s；c—300s

3.4.4 冷却路径对析出行为的影响

对于未变形奥氏体，在900℃保温时，当保温时间达到30min时，析出才会发生[56]，说明微合金碳氮化物在未变形奥氏体中的析出动力学是比较慢的。因此微合金碳氮化物的析出主要发生在未再结晶区轧制变形中及轧后缓慢冷却过程中的应变诱导析出，所以冷却路径对析出行为具有比较大的影响。在轧制入口温度950℃和出口温度850℃条件下，研究了轧后空冷（Air Cooling，AC）、超快速冷却（UFC）+AC和UFC+炉冷（Funace Cooling，FC）3种冷却路径对实验钢析出行为的影响，如图3-11所示。不同冷却路径下的析出情况如图3-12所示。

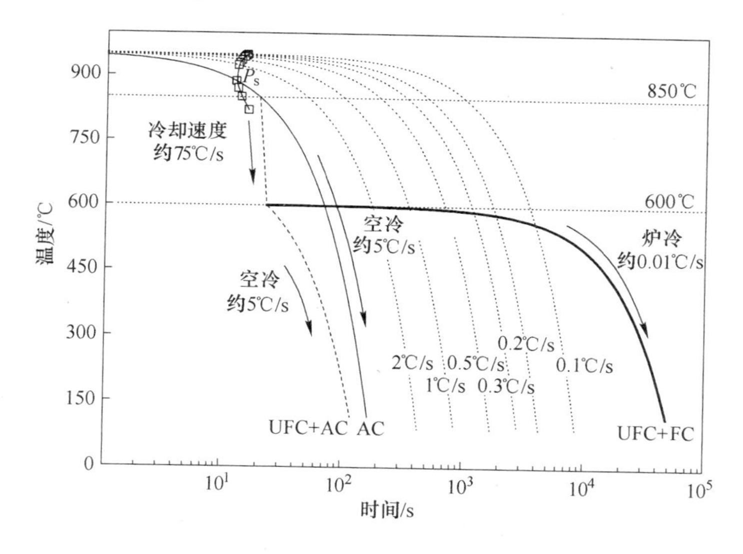

图3-11 冷却路径示意图

根据3.4.2小节的分析可知，如果变形时间极短，例如单道次变形，变形后不需要太大的冷却速度便可抑制应变诱导析出。而实际生产中通常要在未再结晶区进行多道次变形，一方面，轧制过程中的冷却速度较小；另一方面，应变的累积进一步促进析出，因此，未再结晶区轧制过程中不可避免地会发生Nb的应变诱导析出，图3-11也体现了这一结果。

在空冷条件下，观察到了相间析出，主要是由于在终轧850℃之后采用空冷，使之在较高温度和较慢冷却速度下发生相变，满足在迁移的γ/α相界析出的条件而发生相间析出。Lagneborg R 等[65]也指出，在等温或缓慢冷却的过程中，在较高的温度区间发生相间析出。

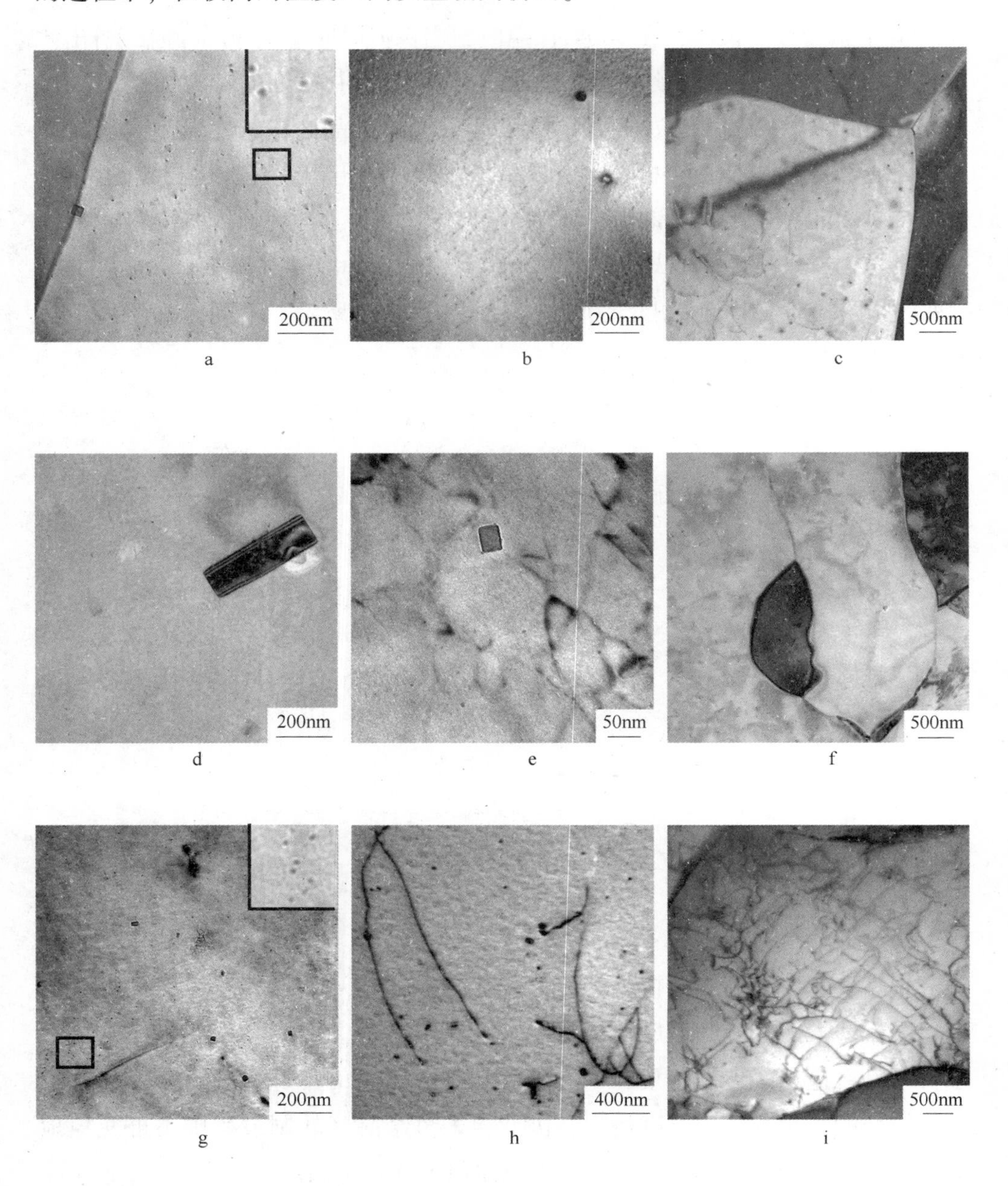

图 3-12 不同冷却路径下热轧板的 TEM 形貌

a，b，c—空冷；d，e，f— 超快速冷却+空冷；g，h，i—超快速冷却+炉冷

图 3-11 显示，在 850~950℃的温度范围内进行轧制变形，轧制过程中不可避免地会发生 Nb 的应变诱导析出，但应变诱导析出不能完成，因此增大轧后冷却速度可在很大程度上抑制微合金碳氮化物在奥氏体中的析出量，使之少发生奥氏体中应变诱导析出，图 3-12d、e、f 显示，轧后采用超快速冷却（冷却速度约 75℃/s）+空冷，仅观察到少量沉淀粒子，说明增大轧后冷却速度可减少奥氏体中应变诱导析出量，同时在后续空冷中也未发生大量析出。增大冷却速度在降低 Nb 在奥氏体中析出量的同时，大大提高了 Nb 在铁素体中的过饱和度，使得形核率大大增加；另外，铁素体区析出温度相对较低，沉淀粒子长大速率较慢，这就使得沉淀粒子更加细小，所以在超快速冷却+炉冷条件下，观察到了更加细小的沉淀粒子，如图 3-12g、h、i 所示。

不同冷却路径下热轧板中沉淀粒子尺寸（不包含未溶的方形 TiN 粒子）分布规律如图 3-13 所示。图 3-13a 显示空冷条件下，析出粒子尺寸主要集中在 4~7nm 之间，且大尺寸粒子比例较高，主要是由于轧后直接空冷，由于奥氏体中应变诱导析出粒子较多，且在高温条件下易发生粗化。图 3-13b 显示超快速冷却+炉冷条件下，析出粒子尺寸主要集中在 3~5nm，由于增大冷却速度在很大程度上降低了 Nb 在奥氏体中的析出量，析出主要为在炉冷过程中的铁素体析出，所以析出粒子更加细小。

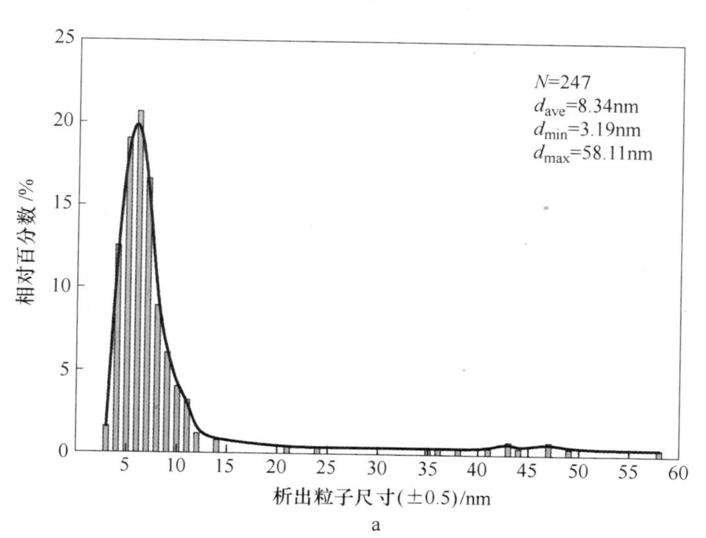

a

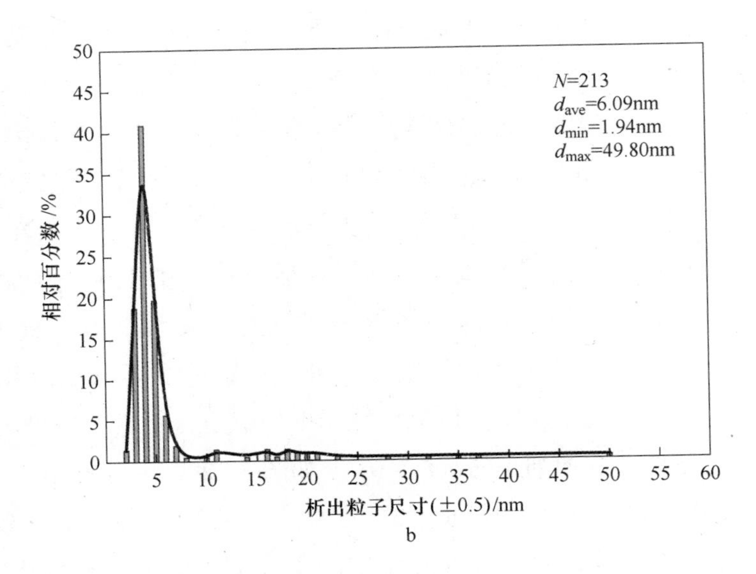

图 3-13　不同冷却路径下析出粒子的尺寸分布

a—空冷；b—超快速冷却+炉冷

4 基于新一代 TMCP 的细晶强化

4.1 引言

晶粒细化是同时提高钢材强度与韧性的唯一手段。晶界是具有不同取向的相邻晶粒间的界面。当位错滑移至晶界处时，受到晶界的阻碍而产生位错塞积，并在相邻晶粒一侧产生应力集中，最终激发一个新位错源的开动。由此，屈服现象可以理解为位错源在不同晶粒间传播的一个过程。

影响钢材屈服强度最重要的一个因素是晶粒尺寸。以拉伸过程为例，在相同应变的条件下，对于具有小晶粒尺寸的试样，每个晶粒内部均匀分配的应变越小，则位错密度越小。因而，具有较小晶粒尺寸的试样达到屈服需要施加更大的应变，即屈服强度更大。晶粒尺寸与屈服强度的关系可以通过 Hall-Petch 公式定量表述，即 $\sigma_s = \sigma_0 + k_y d^{-1/2}$，式中 σ_s 代表屈服强度，σ_0 表示位错在晶粒内运动为克服内摩擦力所需的应力，k_y 为与材料有关的常数，室温下的取值范围是 14.0～23.4N/mm$^{3/2}$，d 为有效晶粒尺寸。对铁素体-珠光体钢，d 为铁素体晶粒尺寸；对贝氏体和板条马氏体组织，系指板条束的尺寸。

晶粒细化在提高钢强度的同时还能提高韧性。当微裂纹由一个晶粒穿过晶界进入另一个晶粒时，由于晶粒取向的变化，位错的滑移方向和裂纹扩展方向均需要改变。因此，晶粒越细小，裂纹扩展路径中需要改变方向的次数越多，能量消耗越大，即材料的韧性越高。

轧后超快速冷却具有极强的冷却能力，在生产热轧 C-Mn 钢和微合金钢方面均可发挥细晶强化的效果，特别是在细化奥氏体晶粒，细化铁素体晶粒和珠光体片层等方面可表现出较大的优势，是通过细晶强化进而提高钢材强韧性的一种新的技术手段。

4.2 铁素体晶粒细化

晶粒的大小主要取决于形核速率和长大速率。形核速率是指单位时间内在单位体积中产生的晶核数；长大速率是指单位时间内晶核长大的线速度。随着过冷度的增加，形核速率和长大速率均增加，但增加速度有所不同。当过冷度较小时，形核速率增加速度小于长大速率；过冷度较大时，形核速率增加速度大于长大速率。凡是能促进形核速率，抑制长大速率的因素，都能细化晶粒。因此，在奥氏体向铁素体相变过程中，增大过冷度可以细化F/P晶粒。连续冷却相变时，冷却速率的高低影响相变时过冷度的大小，冷却速率越大，过冷度越大，因此增加相变过程中的冷却速率，充分发挥超快冷在相变区域的作用有利于细化晶粒，进而提高钢材的强韧性。表4-1和图4-1给出了实验钢（化学成分为C 0.04%；Mn 0.33%）超快冷条件下，不同超快冷终冷温度对铁素体晶粒尺寸及力学性能的影响，实验钢的终轧温度为860℃，卷取温度为600℃。

表4-1　实验钢的工艺和性能

工艺编号	超快冷终冷温度/℃	晶粒尺寸/μm	屈服强度/MPa	抗拉强度/MPa	伸长率/%
1	775	10.5	275	365	38
2	750	8.2	290	377	39
3	733	6.7	300	385	34
4	710	6.5	305	390	36

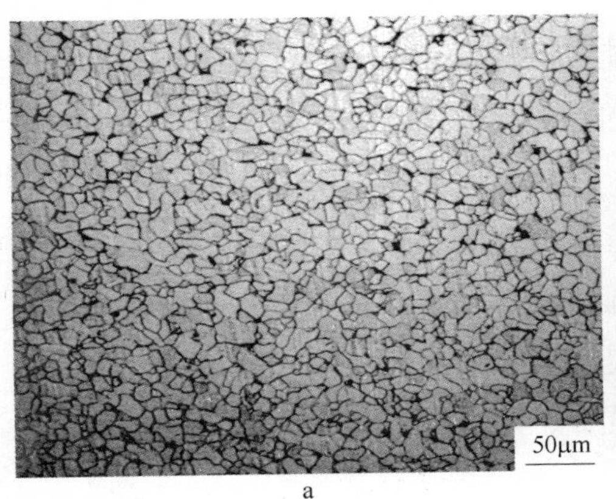

a

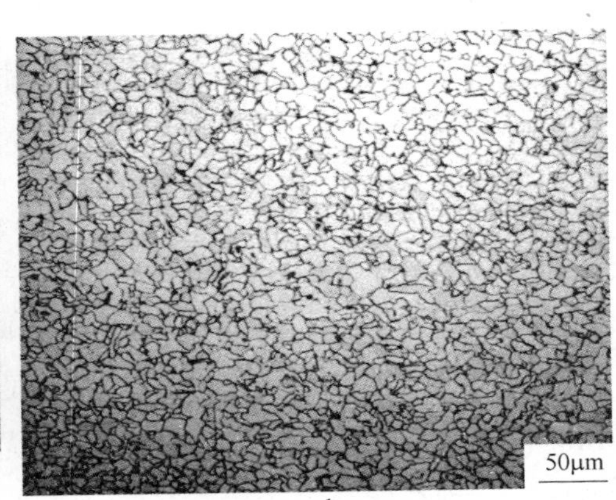

b

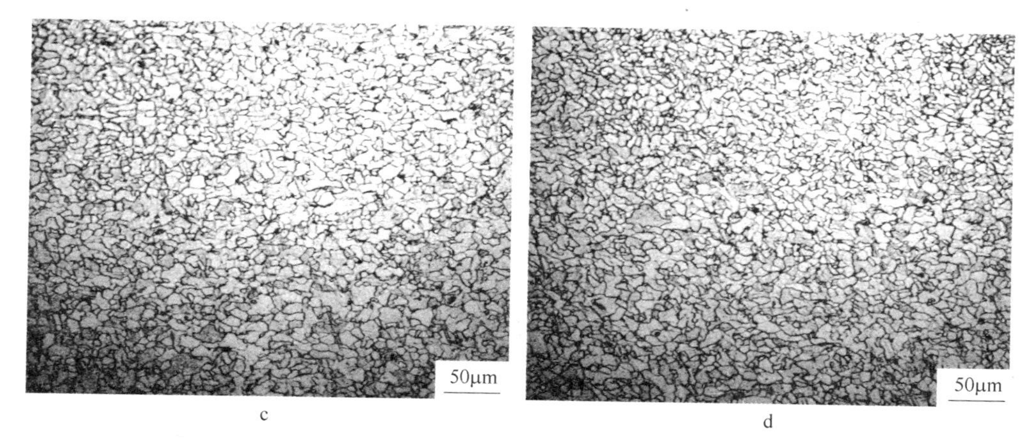

c d

图 4-1 不同冷却工艺的显微组织

a—755℃；b—750℃；c—733℃；d—710℃

从表 4-1 和图 4-1 可以看出，组织以铁素体为主，随着超快冷终冷温度的降低，实验钢的晶粒尺寸逐渐减小。实验钢强度也逐渐提高，这主要是超快冷细晶强化作用的结果。

4.3 珠光体片层间距细化

超快速冷却技术不仅可以细化铁素体晶粒，而且可以细化珠光体片层。对于中碳钢，由于组织以珠光体为主，因此采用超快冷是提高该组织类型钢材强度的一种有效方法。珠光体是奥氏体从高温缓慢冷却时发生共析转变所形成的，其立体形态为铁素体薄层和碳化物（包括渗碳体）薄层交替重叠的层状复相物。相变前奥氏体晶粒大小决定珠光体团的大小，但对片层间距无影响。影响珠光体片层间距的最主要因素是过冷度，片层间距的倒数与过冷度呈线性正相关关系。采用超快冷可获得较大的过冷度，降低珠光体相变温度，因此可显著细化珠光体片层间距，进而提高珠光体钢的强度。

表 4-2 为 0.5%C 实验钢（C0.5%；Mn0.6%）热轧后不同冷却过程中的实测工艺参数。6 组工艺都采用统一的终轧温度 880℃，为了工艺对比，工艺 1 通过 ACC 层流冷却直接冷却到卷取温度，工艺 2~6 则采用了超快冷和 ACC 层冷两阶段的冷却方式，考虑不同的超快速冷却终冷温度的影响情况，在热轧变形后对板坯进入超快速冷却的时间进行控制，使得超快速冷却的终冷温

度从 750~610℃逐渐降低，随后进行 ACC 层流冷却，层流后卷取温度相当，只有工艺 6 卷取温度较低。在室温条件下，根据 GB/T228—2002 标准进行拉伸实验，获得 0.5%C 实验钢的强度随超快速冷却终冷温度的变化规律，如图 4-2 所示。

表 4-2 0.5%C 钢的热轧实验工艺参数

工艺	终轧温度/℃	UFC 后温度/℃	UFC 段冷速/℃·s^{-1}	ACC 后温度/℃	ACC 段冷速/℃·s^{-1}
1	880	—		525	15~30
2	880	750	100~120	510	15~30
3	880	715	100~120	510	15~30
4	880	680	100~120	500	15~30
5	880	660	100~120	490	15~30
6	880	610	100~120	470	15~30

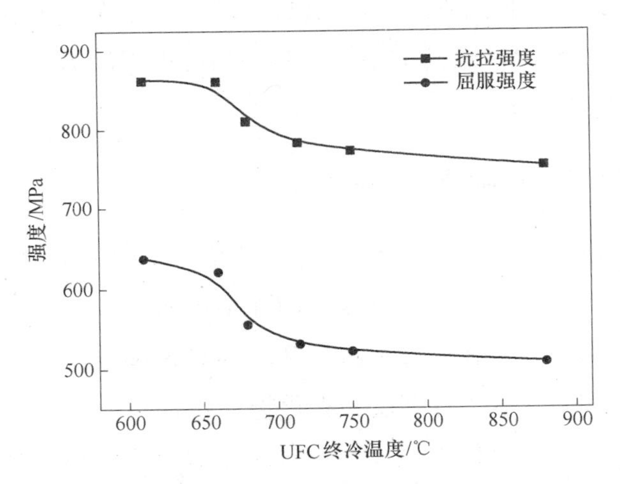

图 4-2 超快速冷却终冷温度对 0.5%C 钢强度的影响

由图 4-2 所示的实验数据可以看出，随着超快速冷却终冷温度的降低，0.5%C 钢的屈服强度和抗拉强度都呈增大的趋势，而且变化趋势相当。当超快速冷却终冷温度高于 700℃时，材料的强度呈线性增加，但增幅不大，超快速冷却工艺提高强度不明显。超快速冷却温度低于 700℃时，强度迅速升高，屈服强度超过 600MPa，抗拉强度超过 850MPa。当超快速冷却终冷温度从 890℃下降到 600℃，0.5%C 钢的屈服强度由 508MPa 提高到 636MPa，屈服强度提高约 130MPa，抗拉强度由 753MPa 提高到 861MPa，抗拉强度提高约 110MPa。通过超快速冷却技术提高实验钢强度的效果非常明显。

图 4-3 为 0.5%C 钢在不同冷却工艺下通过扫描（SEM）电镜观察的白色珠光体的片层组织结构。从图 4-3 中可以看出，由于轧后超快速冷却的应用，0.5%C 钢中珠光体的片层间距得到充分地细化，并且随着超快速冷却终冷温度的降低，片层间距逐渐减小。

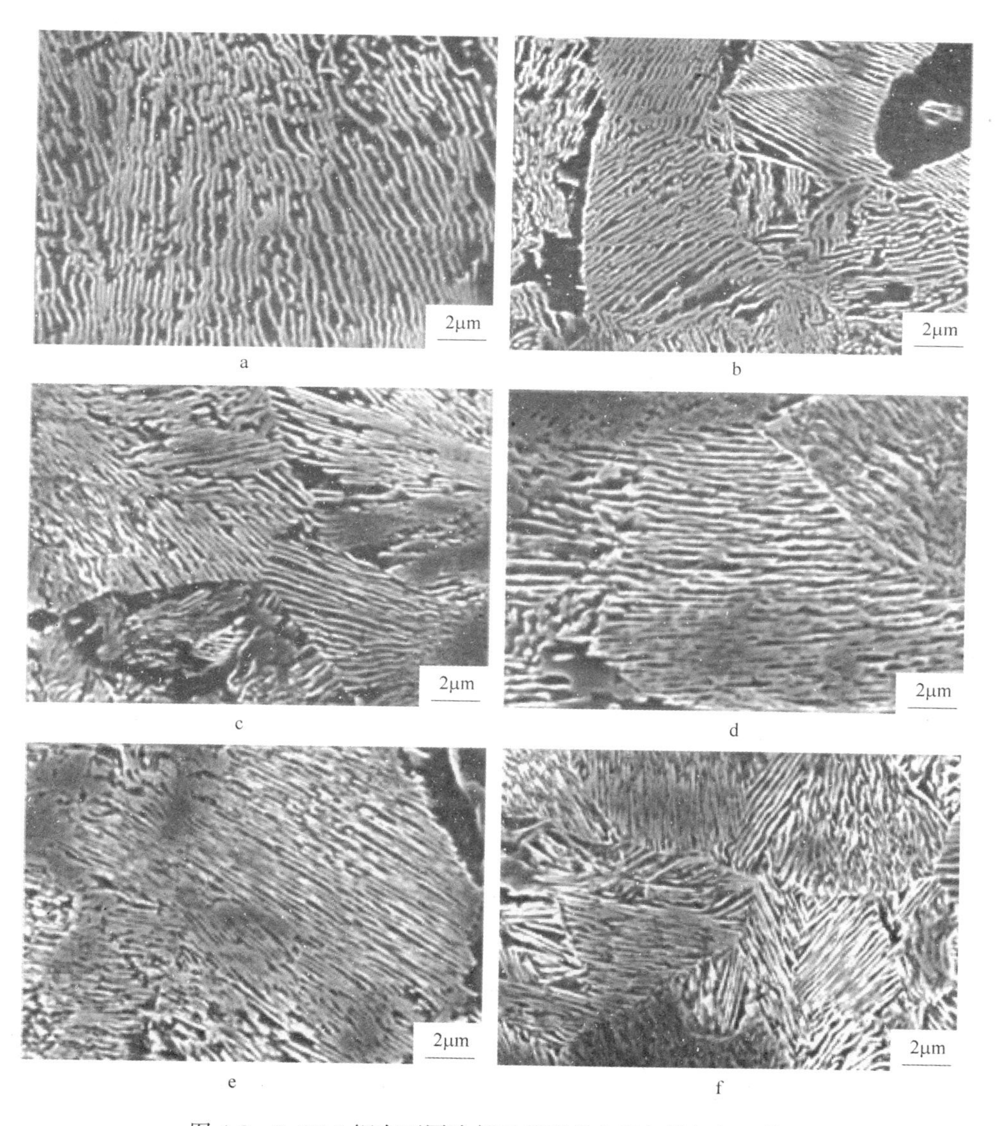

图 4-3　0.5%C 钢在不同冷却工艺下的室温扫描组织图像

a—工艺 1；b—工艺 2；c—工艺 3；d—工艺 4；e—工艺 5；f—工艺 6

在高倍电镜下用割线法测量珠光体的片层结构，得到平均片层间距随超快速冷却终冷温度的变化规律，如图4-4所示。在未采用超快速冷却的条件下，工艺1的片层间距均值为265nm。当超快速冷却的终冷温度下降到610℃时，工艺6的珠光体片层明显细化，片层间距变得极为细小，只有130~170nm。

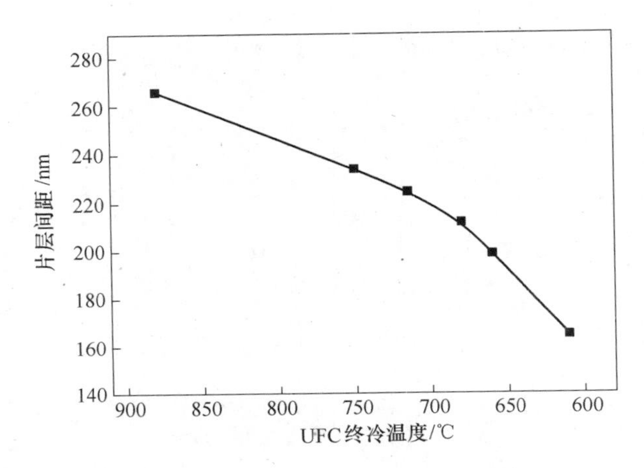

图4-4 超快速冷却终冷温度对片层间距的影响

高温终轧的0.5%C实验钢，如果轧后慢冷，则变形奥氏体晶粒将在冷却过程中长大，相变后得到粗大的铁素体组织，先共析的铁素体沿晶界呈网状分布，这将成为裂纹扩展的有利通道。而且由于冷却缓慢，由奥氏体转变的珠光体变得粗大，片层间距加厚，这种组织的力学性能是较低的。

而采用轧后超快速冷却工艺可以有效阻止轧后奥氏体晶粒长大，抑制了先共析铁素体的析出，打破了网状结构，形成更加紧密的珠光体片层组织。对于0.5%C实验钢而言，在高温热轧后的超快速冷却过程中，碳的扩散行为受到抑制，碳原子通过短距离扩散生成间距非常细小的片层渗碳体，通过细化的片层结构实现强化。

图4-5为不同超快速冷却终冷温度条件下，0.5%C钢组织中珠光体的平均片层间距与材料屈服强度之间的关系图。可以看出，二者的线性匹配关系与Hall-Petch公式的细晶强化形式是一致的，因此超快速冷却工艺通过细化珠光体片层间距实现了对0.5%C实验钢的细晶强化。这些细小的珠光体片层趋向各异，排列紧密，也可以明显地提高材料的冲击韧性，因为裂纹的成长

必须穿过这些细小的片层结构。随着超快速冷却终冷温度的逐渐降低，导致片层更加细小，组织更加致密，因此显微硬度逐渐提高。与此同时，细小的片层也阻碍了位错运动，而滑移面上的位错运动是材料塑性变形的主要方式，这使得材料延伸性能略有下降。

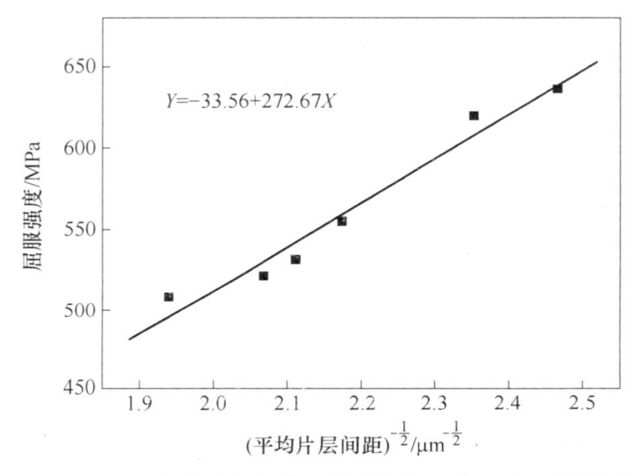

图 4-5 0.5%C 钢中珠光体的平均片层间距与屈服强度的关系

5 基于新一代 TMCP 的沉淀强化

5.1 引言

微合金钢由于其高强度、高韧性和优异的焊接性能而成为一种多用途钢种，这类钢采用低碳成分设计，同时添加铌、钒、钛、钼和硼等一种或多种微合金元素，其强度已不再依赖于碳的间隙固溶强化，而主要通过细晶强化、固溶强化、相变强化、沉淀强化、位错强化等手段获得高的强度。2004 年，日本报道了 Nanohiten 钢，Nanohiten 钢全为铁素体组织，在铁素体基体上分布着纳米碳化物，且纳米碳化物的沉淀强化达到了 300MPa，自此纳米碳化物的析出行为及沉淀强化引起了越来越多研究者的关注。

5.2 Nb-Ti 微合金钢中的析出行为

在铁素体温度区域沉淀析出的微合金碳氮化物通过强烈的沉淀强化而使微合金钢的强度成百兆帕地提高，使得沉淀强化成为微合金钢仅次于晶粒细化的一种最重要的强化方式。

由第二相强化的 Orowan-Ashby 理论可知，沉淀强化效果大致正比于第二相体积分数的 1/2 次方并大致反比于第二相的尺寸。因此要提高铁素体内的析出效果，就必须提高析出粒子的体积分数和细化析出质点尺寸。在 NG-TMCP 中，使用超快冷技术抑制了碳氮化物在高温奥氏体的沉淀析出，使更多的微合金元素保持固溶状态进入到铁素体区微细弥散析出，其尺寸在 2～10nm，可以大幅度提高钢材的强韧性。

在 RAL 进行了 HSLA 钢的传统 TMCP 和 NG-TMCP 两种轧制试验，试验钢化学成分（质量分数，%）为 0.075 C，0.28 Si，1.78 Mn，0.079 Mo，0.060 Ti，0.055 Nb。实验钢的热轧实验在重点实验室 ϕ450 二辊可逆式轧机上进行，锻坯的加热温度为 1200℃，保温 1h。实验压下分配为 90mm-72mm-57mm-44mm-35mm-25mm-18mm-12mm-9mm-6mm，共 9 道次，终轧温度均为

900℃。经不同的冷却路径进行冷却，终冷温度均为 600 ~620℃，1 号工艺（UFC）完全采用超快冷冷却工艺，2 号工艺（UFC+ACC）中超快冷后的终冷温度为 750℃，而后采用层冷冷却至终冷温度，3 号工艺（ACC）完全采用层冷冷却工艺。其中层流段的冷却速度为 12℃/s，超快冷段的冷速为 65℃/s。

力学性能测试结果表明，经过 ACC 冷却至 600℃ 后，微合金钢满足 600MPa 级高强钢的要求，采用 UFC+ACC 冷却模式后，强度达到 650MPa 高强钢要求，完全采用 UFC 冷却模式后，强度达到 700MPa 高强钢要求，并且伸长率和冲击性能基本没有降低，即通过改变冷却模式由 ACC 到 UFC，实验钢的性能等级由 600MPa 升级到 700MPa。三种实验钢所得钢板在光学显微镜下的显微组织如图 5-1 所示。由金相组织可知，组织均为准多边形铁素体+针

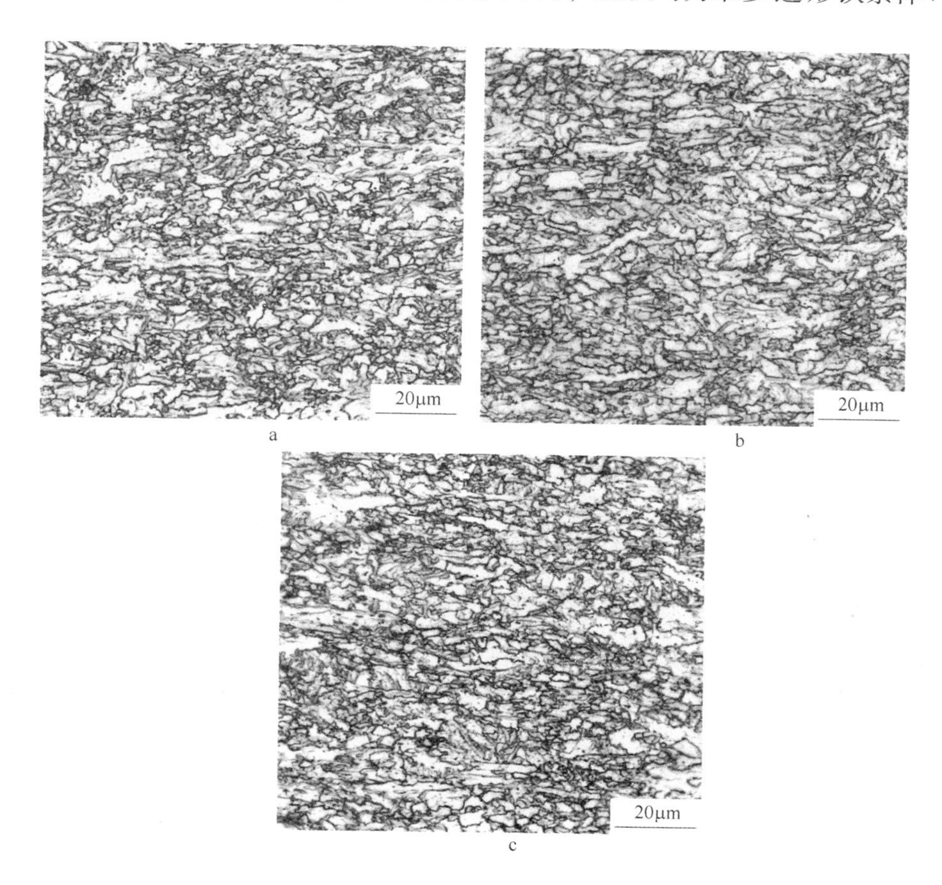

图 5-1 不同冷却路径下实验钢的显微组织

a—ACC；b—UFC+ACC；c—UFC

状铁素体组织。随着超快冷出口温度的降低，晶粒平均尺寸由 3.2μm 逐渐细化至 2.8μm、2.5μm，晶粒尺寸逐渐细化。

图 5-2 显示，由 ACC 冷却模式过渡到 UFC 冷却模式中，大角晶界（角度≥15°）的长度显著增加，小角晶界（角度≤15°）虽然也有所增加，但是增加幅度不大，大大增加了亚结构的强度。不同冷却路径下析出粒子的尺寸分布规律如图 5-3 所示。

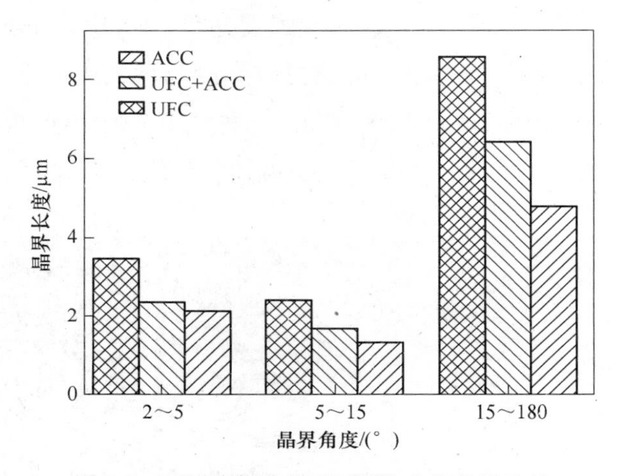

图 5-2 不同冷却路径下不同取向差晶界比较

冷却速度的提高对铁素体晶粒细化有两个因素：首先，冷却速度的提高，使之在较低的温度下相变，增加相变驱动力，大大提高了铁素体的形核率；其次，较低温度区间的相变，界面迁移速率降低，抑制了铁素体晶粒的长大。

UFC 冷却试样中 5nm 左右的纳米级析出物数量高于 UFC+ACC 和 ACC 冷却试样，但是 10nm 左右的纳米级析出物却低于 UFC+ACC 冷却试样。原因主要是由于，高冷却速度降低了奥氏体向铁素体的相变温度，即铁素体中的析出物在更低的温度形核，一方面微合金元素过大的饱和度提高了析出驱动力，同时高冷却速度增加铁素体中的位错密度，进而增加了纳米级析出物的形核率；另一方面，低温条件下，界面迁移动力学较低，因此 UFC 冷却试样中小尺寸的析出物明显高于 UFC+ACC 和 ACC 冷却试样。对于 UFC+ACC 冷却试样来说，前期的高冷却速度抑制了析出物在高温的形核，但是后期的冷却速度的降低，略微弱化了析出物的长大，因此在 10nm

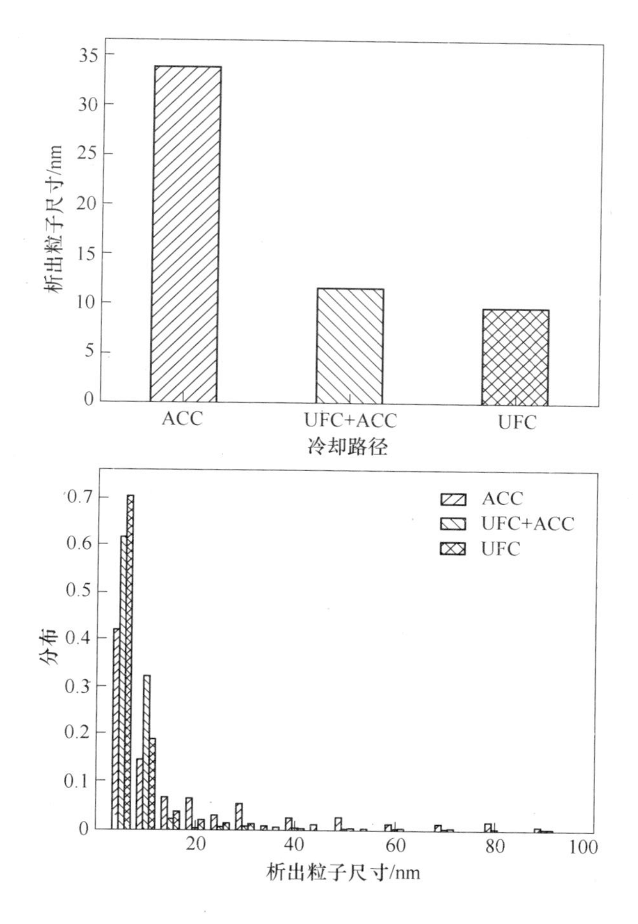

图 5-3 不同冷却路径下的析出粒子尺寸

左右的析出物比较多。

对比 ACC 和 UFC 冷却条件下的各项强化机制可得，采用 ACC、UFC +ACC 和 UFC 三种冷却模式下的细晶强化增量与位错强化增量和析出强化增量之比分别为 3.044 : 1.176 : 1、2.814 : 1.341 : 1 和 2.159 : 1.041 : 1。超快冷后的 NG-TMCP 与常规 TMCP 相比，晶粒细化提高 36MPa，位错强化提高 34MPa，析出强化提高 54MPa，屈服强度共提高 124MPa，由此可见，析出强化增量是强度增量中最重要的部分。采用超快冷技术后，虽然细晶强化仍然是强化措施中最重要的部分，但是析出强化将起到越来越重要的作用。

5.3 V-Ti 微合金钢中的析出行为

5.3.1 等温温度对 V-Ti 微合金钢组织性能演变规律的影响

5.3.1.1 实验材料及方法

实验用 V-Ti 微合金钢的化学成分如表 5-1 所示。实验钢采用 50kg 真空感应炉熔炼并浇注，切去缩孔，锻为 500mm×90mm×70mm 钢坯，钢坯重新加热至 1200℃ 并保温 2h，在东北大学轧制技术及连轧自动化国家重点实验室 450mm 二辊可逆热轧实验轧机上轧为约 12mm 厚钢板。将 12mm 厚钢板置于 1200℃箱式电阻炉中保温 5h 使碳化物尽可能完全固溶于基体，然后淬火至室温。从预淬火钢板上切取试样，并加工为阶梯形热模拟试样，中间直径为 6mm，长为 15mm，两端直径为 10mm，长为 30mm。

热模拟工艺如图 5-4 所示。将阶梯形试样以 10℃/s 的加热速度加热至 1200℃并保温 300s 进行奥氏体化，然后以 10℃/s 的冷却速度冷却至 1050℃ 和 900℃进行压缩变形，压下量和应变速率均为 3mm 和 $5s^{-1}$，900℃变形后立

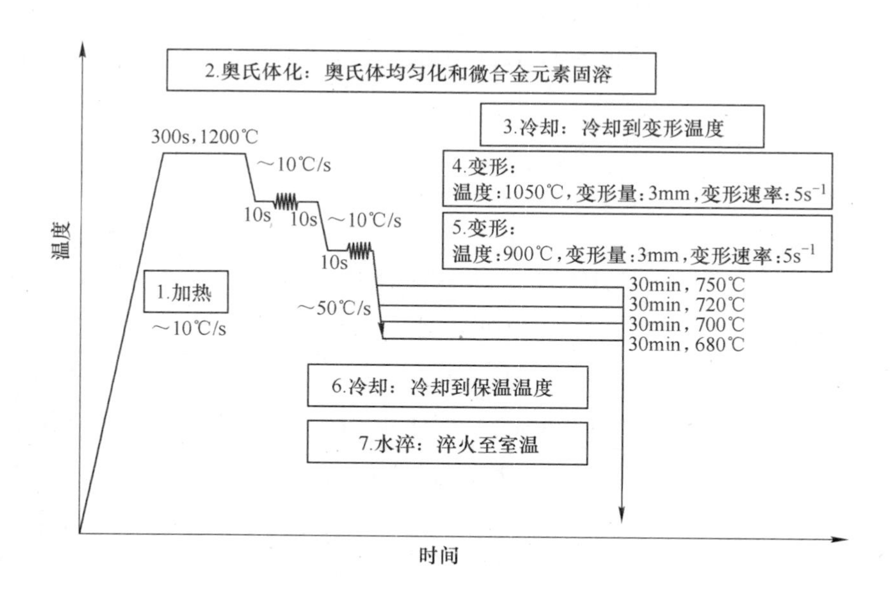

图 5-4 热模拟工艺示意图

表 5-1 实验钢化学成分 （质量分数,%）

C	Si	Mn	P	S	V	Ti	Al	N
0.06	0.31	1.31	0.005	0.003	0.06	0.11	0.06	0.0042

即以 50℃/s 的冷却速度冷却至 750℃、720℃、700℃和 680℃，并在以上温度等温 30min 使之发生铁素体相变，最后淬火至室温。

于热电偶下方约 1mm 处将热模拟试样剖开，剖开面经抛光后用 4%的硝酸酒精溶液中腐蚀约 15s，然后采用 LEICA DMIRM 光学显微镜对其显微组织进行观察，同时采用割线法测定了铁素体晶粒尺寸，采用 Image-Pro-Plus 软件统计了铁素体组织的体积分数。采用 HV-50 维氏硬度计测定了试样的维氏硬度，加载力 10kg。为了观察不同等温温度下的析出行为，从热模拟试样上切取 500μm 厚薄片，首先机械减薄至约 50μm，然后采用双喷减薄仪于 9%高氯酸和 91%无水乙醇溶液中在−30℃和 31V 电压下进行双喷减薄，进而获得用于透射电子显微镜观察的薄膜试样，采用 FEI Tecnai G^2 F20 透射电子显微镜（Transmission Electron Microscopy，TEM）对其析出粒子的尺寸、形貌及分布规律进行观察。

5.3.1.2 实验结果及讨论

A 光学显微组织特征

不同等温温度下实验钢的光学显微组织如图 5-5 所示。图 5-5 显示，不同等温温度下实验钢的组织均由铁素体和马氏体组成，其中白色相为铁素体，是在等温过程中形成的；黑色相为马氏体，是在淬火过程中形成的。铁素体晶粒呈不规则形状，且局部存在一些细小的铁素体晶粒，组织均匀性较差。随着等温温度由 750℃降低至 680℃，铁素体的体积分数由约 85%增加至约 100%，铁素体晶粒尺寸由约 11.3μm 减小至约 8.0μm。

B TEM 观察

对于相间析出的 TEM 观察来说，只有析出粒子所在的晶体学面与电子束方向平行时，才可以观察到碳化物成排分布的形貌特征。所以，我们在 α 方向和 β 方向倾转薄膜试样，使析出粒子所在晶体学面的晶带轴平行于电子束

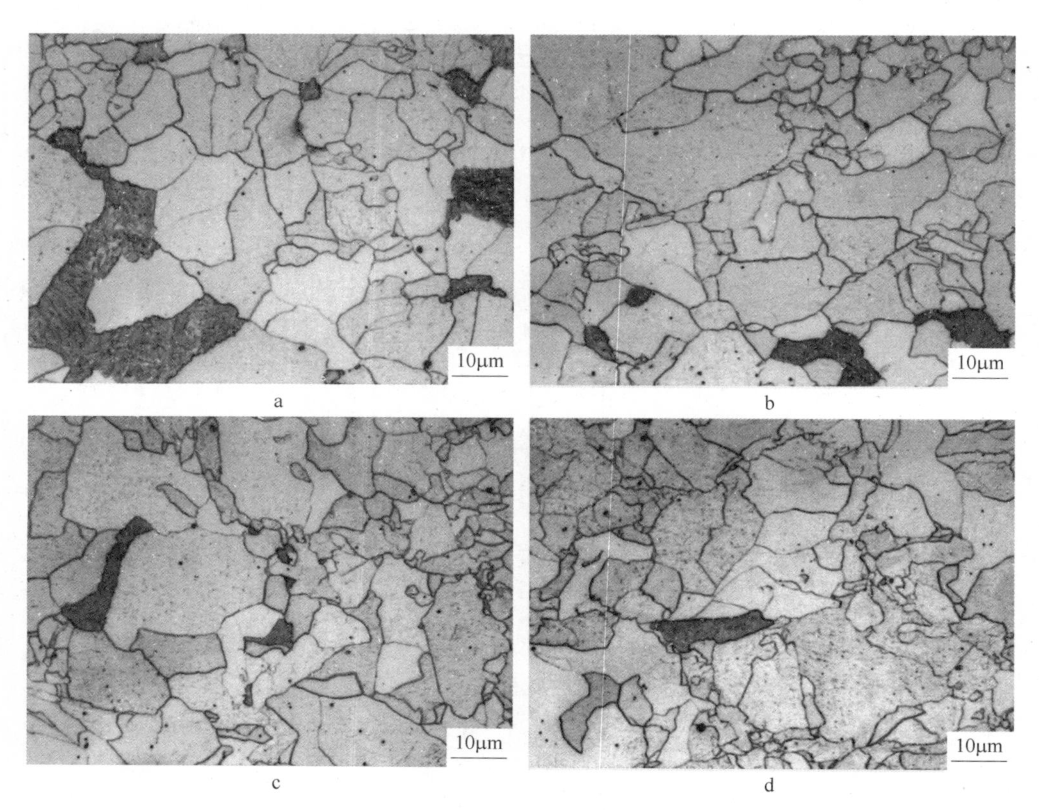

图 5-5　不同等温温度下实验钢的光学显微组织

a—750℃；b—720℃；c—700℃；d—680℃

方向，以观察不同等温条件下的相间析出特征，不同等温温度条件下的典型TEM形貌如图5-6所示。图5-6显示，不同等温温度条件下均可观察到相间析出，且均存在列间距几乎规则的平面相间析出，但析出粒子的尺寸和列间距具有一定的差异性，说明 $\gamma \rightarrow \alpha$ 等温相变温度显著影响相间析出行为。

通过对10张TEM显微照片的统计分析，得到了不同等温温度下的相间析出列间距和析出粒子尺寸，如图5-7所示。图5-7显示，随着等温温度的降低，相间析出列间距由约32.5nm减小至约18.9nm，析出粒子尺寸由约6.7nm减小至5.0nm。Yen和Okamoto等[57,58]指出相间析出粒子所在的晶体学面偏离相变过程中的 $\{111\}_{\gamma}//\{110\}_{\alpha}$，可以是一些非共格界面，本文也观察到了相间析出粒子位于铁素体基体的 $\{211\}_{\alpha}$、$\{130\}_{\alpha}$、$\{210\}_{\alpha}$ 或 $\{332\}_{\alpha}$ 等晶面上。对于部分共格界面，最小台阶高度 $h_{min}=\sigma/\Delta G_{v}$（$\sigma$ 为部分

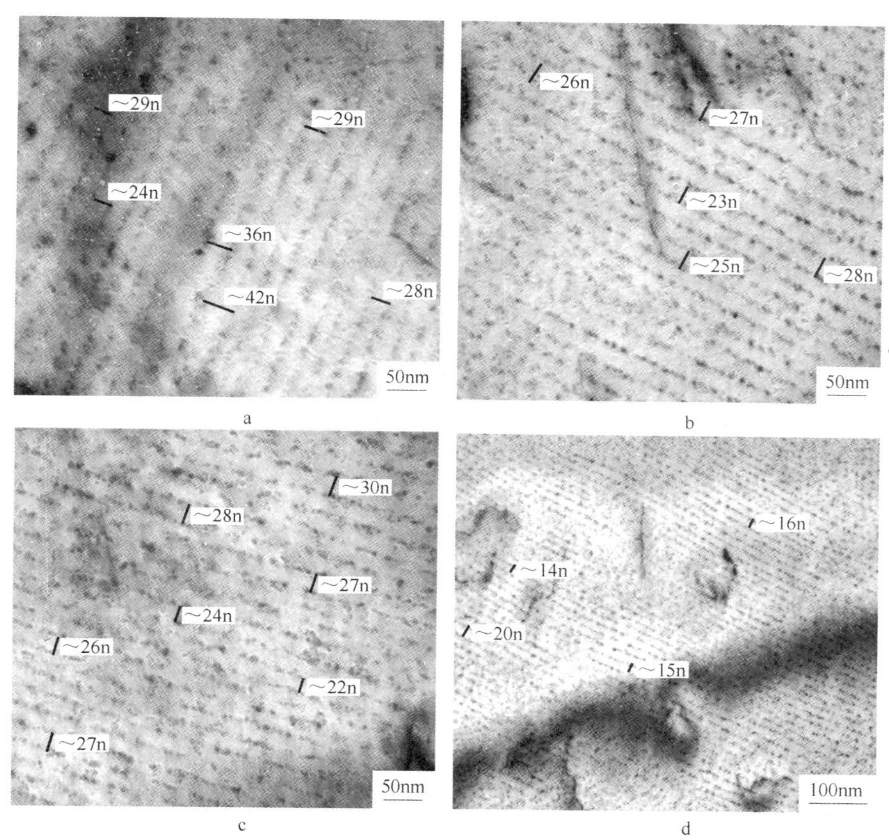

图 5-6 不同等温温度下实验钢的典型 TEM 显微照片

a—750℃；b—720℃；c—700℃；d—680℃

共格界面界面能；ΔG_v 为相变驱动力），可见降低相变温度可增加相变驱动力，降低台阶高度，使相间析出列间距随等温温度的降低而减小；而且奥氏体的变形也可增加相变驱动力，进一步降低台阶高度，可进一步细化相间析出列间距。另外，降低相变温度，可大大提高（V，Ti）C 析出的驱动力，提高析出的形核率，同时，析出粒子具有相对较小的长大速率，使得析出粒子尺寸随等温温度的降低而减小。

对 750℃ 等温条件下试样的明场像、暗场像、选取衍射花样如图 5-8 所示。图 5-8 显示，纳米析出粒子具有 NaCl 型晶体结构，且与铁素体基体的取向关系为 $[001]_{ferrite}//[011]_{carbide}$，$[100]_{ferrite}//[100]_{carbide}$ 和 $[010]_{ferrite}//[01\bar{1}]_{carbide}$，对于面心立方结构的晶体来说，晶面指数与该晶面的法线方向

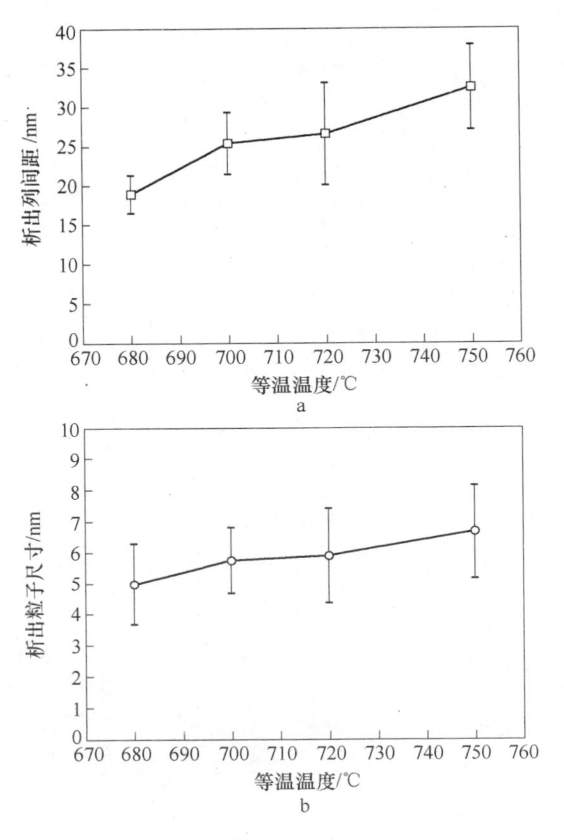

图 5-7 等温温度对列间距及析出粒子尺寸的影响

a—相间析出列间距；b—析出粒子尺寸

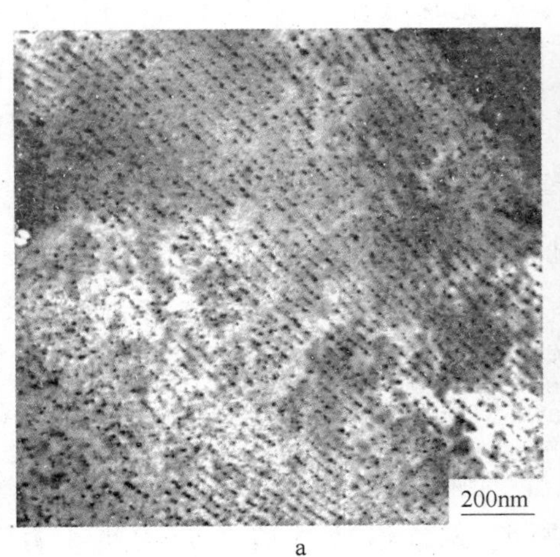

a

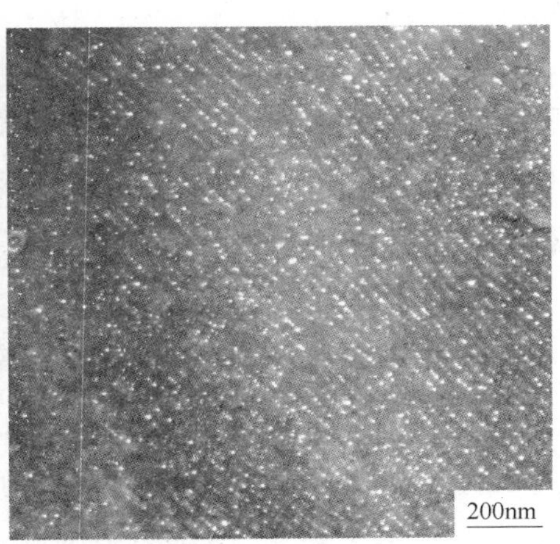

b

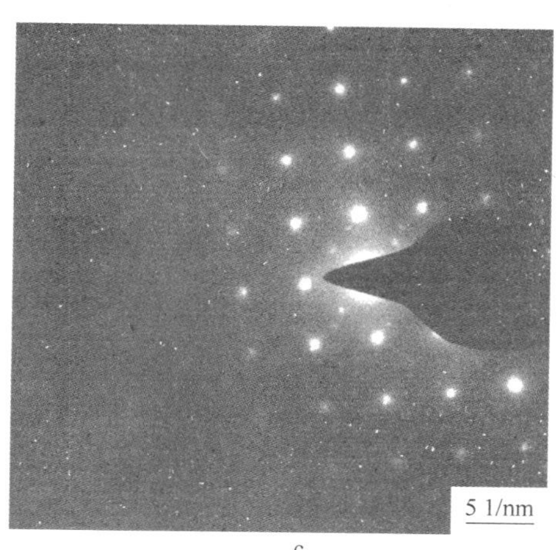

c

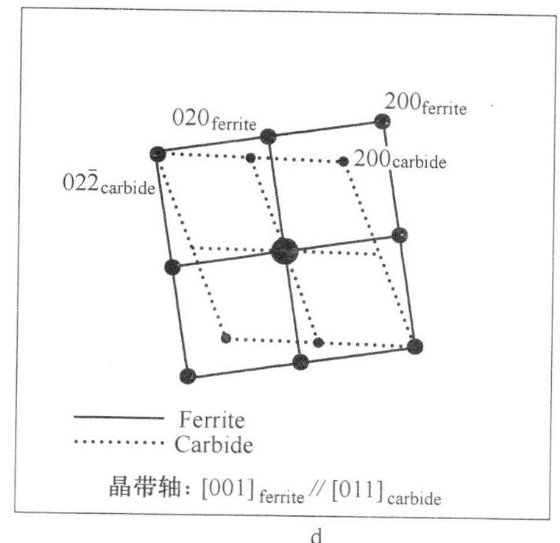

d

图 5-8　明场像（a），暗场像（b），选取衍射花样（c）和选取衍射花样标定（d）

指数一致，所以上述平行关系可以写为 $(100)_{carbide}$//$(100)_{ferrite}$，$[011]_{carbide}$//$[001]_{ferrite}$，为 B-N 关系。

但是，在另一个铁素体晶粒内，我们观察到 $[011]_{ferrite}$//$[111]_{carbide}$，$[100]_{ferrite}$//$[01\bar{1}]_{carbide}$ 和 $[01\bar{1}]_{ferrite}$//$[2\bar{1}\bar{1}]_{carbide}$ 或 $[011]_{ferrite}$//$[112]_{carbide}$，$[100]_{ferrite}$//$[1\bar{1}0]_{carbide}$ 和 $[01\bar{1}]_{ferrite}$//$[\bar{1}\bar{1}1]_{carbide}$，也就是存在 $(111)_{carbide}$//$(011)_{ferrite}$，$[01\bar{1}]_{carbide}$//$[100]_{ferrite}$ 和 $(\bar{1}\bar{1}1)_{carbide}$//$(01\bar{1})_{ferrite}$，$[1\bar{1}0]_{carbide}$//$[100]_{ferrite}$ 两种 N-W 关系。

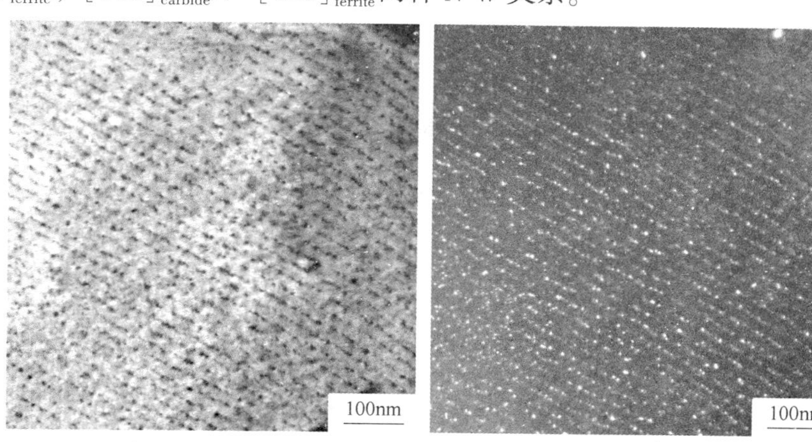

a　　b

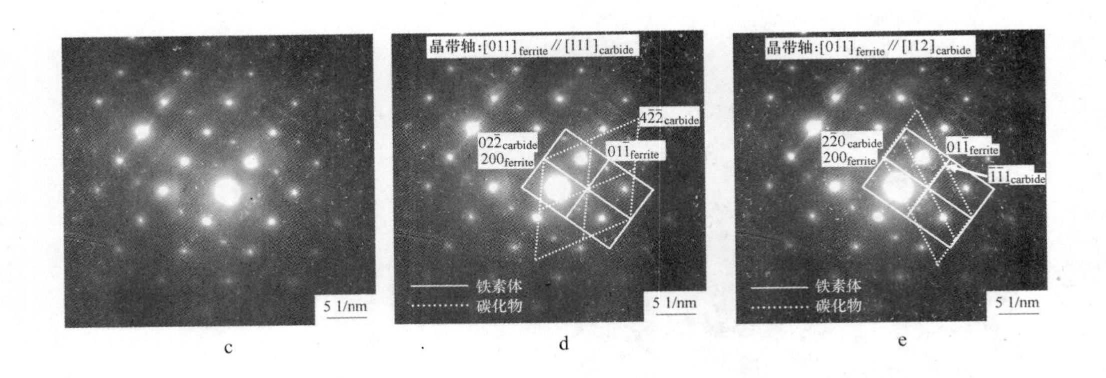

图 5-9 明场像（a）、暗场像（b）、选取衍射花样（c）和选取衍射花样标定（d，e）

纳米析出粒子的典型 EDX 谱线图 5-10 所示，通过大量 EDX 的统计分析，同时不考虑碳原子的缺位，确定了纳米粒子为（$Ti_{0.7}$，$V_{0.3}$）C。通过图 5-8 和图 5-9 的选取衍射花样，确定了纳米粒子｛200｝面的晶面间距约为 0.218nm，进而计算了（$Ti_{0.7}$，$V_{0.3}$）C 的晶格常数约为 0.436nm。

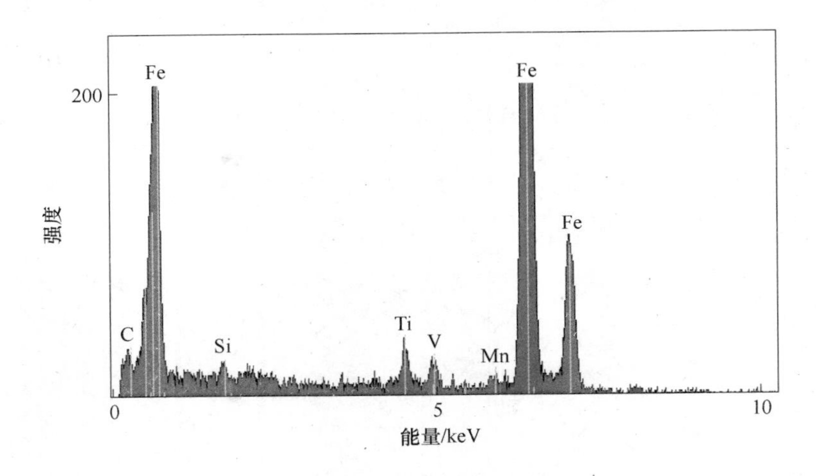

图 5-10 细小碳化物的 EDX 谱线

C 强化机制

等温温度对实验钢宏观维氏硬度的影响如图 5-11 所示。图 5-11 显示，随着等温温度的降低，维氏硬度由约 206HV 增加至约 284HV，其维氏硬度的增加主要源于沉淀强化。

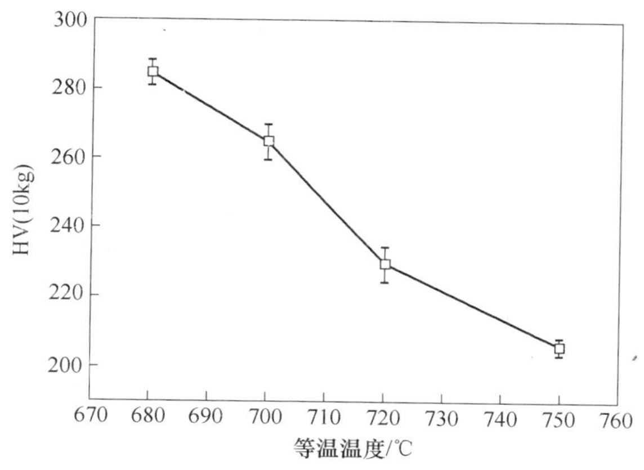

图 5-11　等温温度对实验钢维氏硬度的影响

对于铁素体型钢，其屈服强度可表示为式（5-1）：

$$\sigma_y = \Delta\sigma_0 + \Delta\sigma_{SS} + \Delta\sigma_{GB} + \sqrt{\Delta\sigma_{Dis}^2 + \Delta\sigma_{Orowan}^2} \tag{5-1}$$

式中　σ_y——屈服强度；

$\Delta\sigma_0$——纯铁的强度；

$\Delta\sigma_{SS}$——固溶强化量；

$\Delta\sigma_{GB}$——细晶强化量；

$\Delta\sigma_{Dis}$——位错强化量；

$\Delta\sigma_{Orowan}$——沉淀强化量。

其中 $\Delta\sigma_0+\Delta\sigma_{SS}+\Delta\sigma_{GB}$ 可表示为式（5-2）[66,67]：

$$\begin{aligned}&\Delta\sigma_0 + \Delta\sigma_{SS} + \Delta\sigma_{GB}\\&= 53.9 + 32.34w(\mathrm{Mn}) + 83.16w(\mathrm{Si}) + 360.36w(\mathrm{C}) +\\&\quad 354.2w(\mathrm{N}) + 17.402d^{-1/2}\end{aligned} \tag{5-2}$$

其中，Mn 和 Si 全部固溶于基体，所以 w(Mn) 和 w(Si) 为 1.31 和 0.31；强氮化物形成元素 Ti 的存在，使 N 全部以 TiN 的形式存在，N 的固溶量近似为 0，且固定 Ti 量约为 0.014%。为了准确确定 C、V 和 Ti 的含量，假设奥氏体中不存在（V，Ti）C 的析出，采用固溶度积式（5-3）和式（5-4）[68] 计算了固溶 C、V 和 Ti 及（V，Ti）C 的析出量，如图 5-12 所示。图 5-12 显示，在实验等温温度范围内，约有 0.022%的固溶碳，固溶 Ti 和 V 的量可忽略不计，析出量约为 0.192%。根据（V，Ti）C 的晶格常数及质量分数，可近似计算（V，Ti）C 的体积分数约为 0.003084。

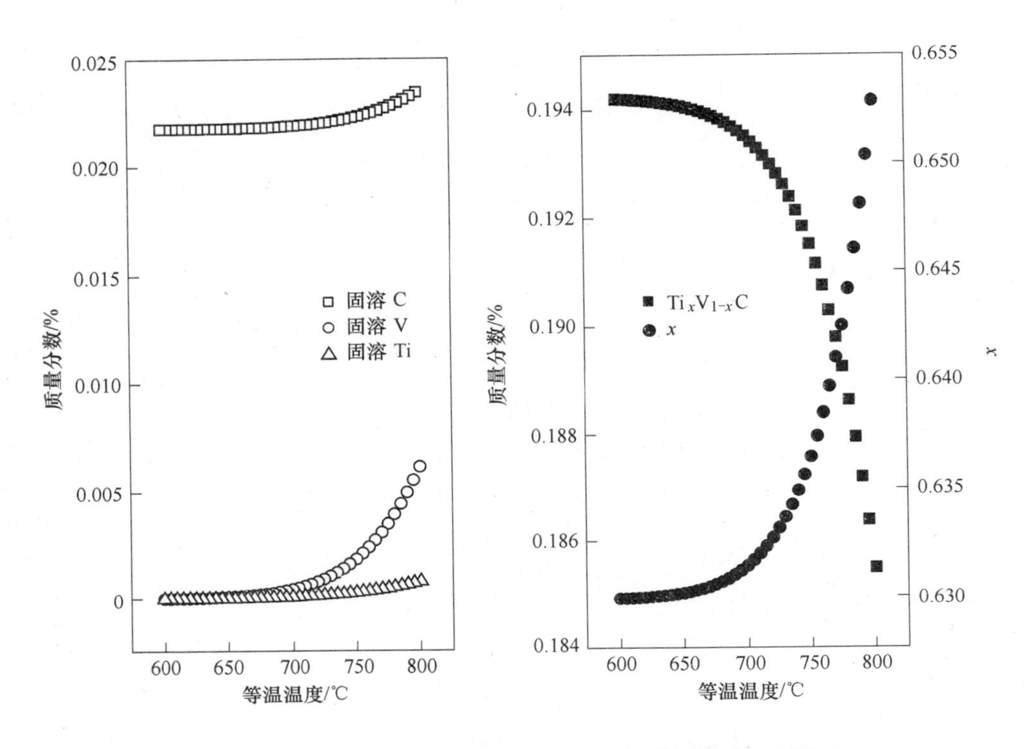

图 5-12 等温温度对固溶 C、V 和 Ti、析出量及系数 x 的影响

$$\log\{[\mathrm{Ti}][\mathrm{C}]\}_{\alpha} = 4.40 - 9575/T \tag{5-3}$$

$$\log\{[\mathrm{V}][\mathrm{C}]\}_{\alpha} = 8.05 - 12265/T \tag{5-4}$$

位错强化量可用式（5-5）[57,69]计算：

$$\Delta\sigma_{\mathrm{Dis}} = M\alpha\mu b\sqrt{\rho} \tag{5-5}$$

式中 M——泰勒因子；

α——常数；

μ——剪切模量；

b——柏氏矢量；

ρ——位错密度。

对于铁素体，M、α、μ 和 b 的典型值分别为 2.75、0.435、80300MPa 和 0.248nm；位错密度近似取为 $5\times10^{13}\ \mathrm{m}^{-2}$。因此，可以估算位错强化量约为 168MPa。

沉淀强化量可用式（5-6）[70]计算：

$$\Delta\sigma_{\text{Orowan}} = \frac{1}{1.18}\frac{1.2\mu b}{2\pi L}\ln\frac{\overline{X}}{2b} \tag{5-6}$$

$$\overline{X} = \overline{D}\sqrt{\frac{2}{3}} \tag{5-7}$$

式中 $\overline{X}$——平均有效粒子直径；

$\overline{D}$——实测析出粒子平均直径；

L——析出粒子间距，此处用相间析出列间距近似代替 L。

不同强化机制的强化量列于表 5-2。可以看出，降低等温温度可显著提高沉淀强化效果，显著提高实验钢的屈服强度。在 680℃ 等温 30min，实验钢的屈服强度达到了 721MPa。

表 5-2 屈服强度分量

等温温度/℃	750	720	700	680
$\Delta\sigma_0$/MPa	53.9	53.9	53.9	53.9
$\Delta\sigma_{SS}$/MPa	76.2	76.2	76.2	76.2
$\Delta\sigma_{GB}$/MPa	163.6	174.3	178.8	194.2
$\Delta\sigma_{Dis}$/MPa	168.5	168.5	168.5	168.5
$\Delta\sigma_{Orowan}$/MPa	239.3	277.9	287.5	360.6
σ_y/MPa	585.8	628.4	641.5	721.6

5.3.2 冷却路径对 V-Ti 微合金钢组织性能演变规律的影响

5.3.2.1 实验材料及方法

实验钢化学成分如表 5-1 所示，基于超快速冷却的 TMCP 工艺如图 5-13 所示。将钢坯加热至 1250℃保温 2h，进行充分的奥氏体化，同时使碳化物溶解，然后采用完全再结晶区轧制，轧制温度控制在 1050~1150℃，压下率为 85%，压下规程为：70mm → 52mm → 38mm → 28mm → 22mm → 17mm → 13mm → 10mm，轧后以 50℃/s 的冷却速度冷却至 700℃，随后进行空冷或炉冷。

从热轧板上切取试样，其纵断面经抛光后于 4% 硝酸酒精溶液中腐蚀约 15s，然后采用 OM（LEICA DMIRM）和 EPMA（JEOL JXA-8530F）对热轧板

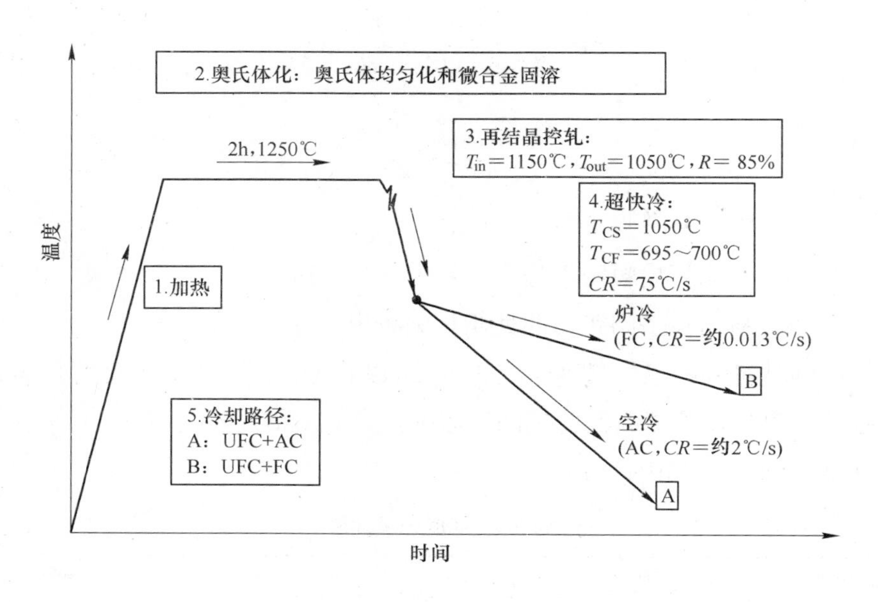

图 5-13 TMCP 工艺示意图

显微组织进行观察。此外，金相试样和冲击试样机械抛光面经电解抛光去应力后用于 EBSD 分析，电解液含 12.5%的高氯酸和 87.5%的无水乙醇，电解抛光电压、电流和时间分别为 30V、1.8A 和 15s。另外，从金相试样上切取约 500μm 厚 12mm×8mm 薄试样，机械减薄至约 50μm 后冲为 ϕ3mm 圆盘，并采用电解双喷减薄仪（Struers TenuPol-5）将 ϕ3mm 圆盘进一步减薄，制成 TEM 薄膜试样，用于 TEM（FEI Tecnai G^2 F20）分析，电解液含 9%的高氯酸和 91%的无水乙醇，电解双喷减薄温度、电压、电流分别为-30℃、31V 和 50mA。

采用 CMT-5105 拉伸实验机对圆断面标准拉伸试样（符合 GB/T 228—2002 国家标准，此标准等效于 ISO 6892：1998 国际标准）沿 RD（Rolling Direction）方向拉伸，拉伸速度恒定为 5mm/min，测试实验钢的屈服强度、抗拉强度及伸长率等力学性能。

5.3.2.2 实验结果及讨论

不同冷却路径下实验钢的光学显微组织如图 5-14 所示。对于冷却路径 A，实验钢组织由铁素体和珠光体组成；对于冷却路径 B，实验钢的组织基本为全铁素体组织。

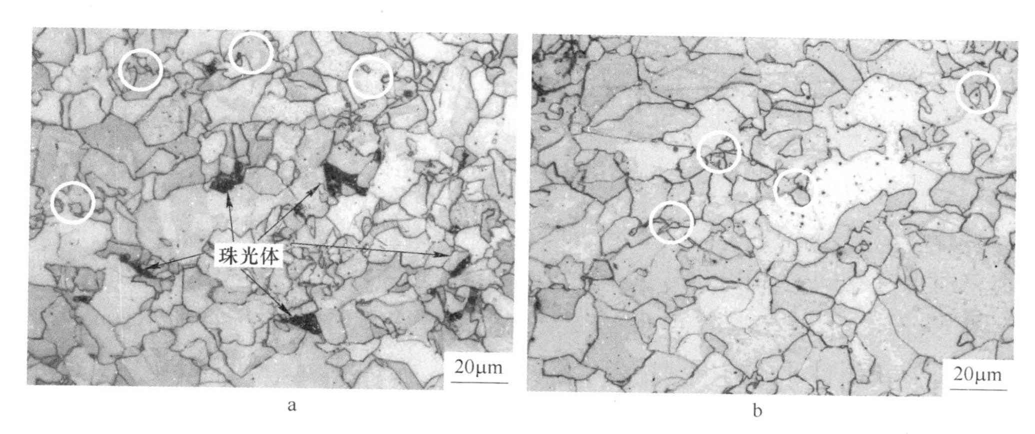

图 5-14 不同冷却路径下实验钢的光学显微组织

a—冷却路径 A；b—冷却路径 B

EBSD 分析结果如图 5-15 所示，小角晶界的取向差为 2°~15°，图 5-15 中标示为白色线，大角晶界的取向差大于 15°，图中标示为黑色线，铁素体晶粒尺寸分布规律如图 5-16 所示。图 5-15 显示，组织中存在大量细小的铁素体晶粒（图中黑色箭头所示），而且冷却路径 A 下的细小铁素体晶粒（d = 3 ~ 5 μm）比例明显高于冷却路径 B 下的比例，表明超快速冷却后，采用空冷较快的冷却速度可进一步细化铁素体晶粒。冷却路径 A 和路径 B 下的铁素体平均晶粒尺寸分别为 9.5μm 和 10.9μm。

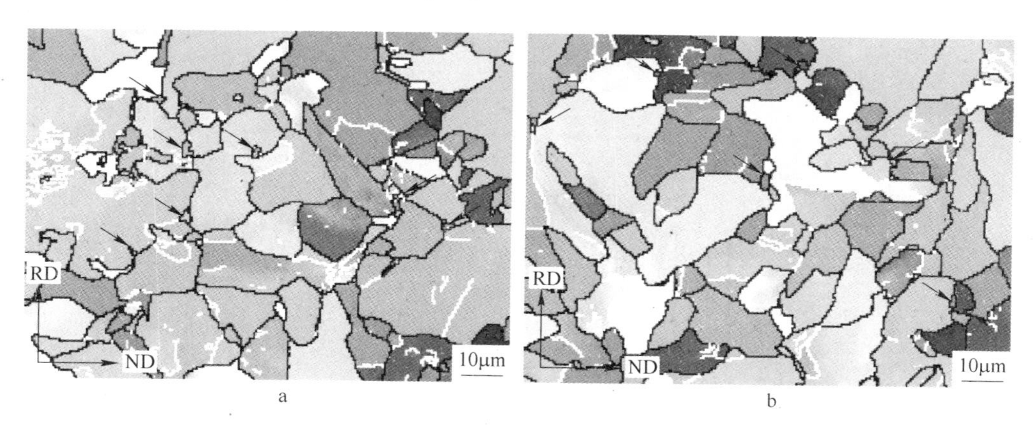

图 5-15 不同冷却路径下实验钢的光学显微组织

a—冷却路径 A；b—冷却路径 B

图 5-17 显示，两种冷却路径下均可以观察到相间析出现象，但析出列间

距具有明显的差异性，在冷却路径 A 条件下，析出列间距在 22~25nm，而在冷却路径 B 条件下，析出列间距在 28~35nm，表明增加后段冷却速度可进一步细化相间析出列间距。这是因为，增加后段冷却速度可降低铁素体相变开始温度，进而提高铁素体相变驱动力，细化析出列间距。除了相间析出外，在一些铁素体晶内未观察到相间析出，如图 5-17b 所示，而在一些铁素体晶内同时存在相间析出和弥散析出，如图 5-17d 所示，这可能与成分分布不均匀和界面迁移速率有关。但这些弥散析出的粒子同样具有相对细小的尺寸，同样可以达到较好的沉淀强化效果。

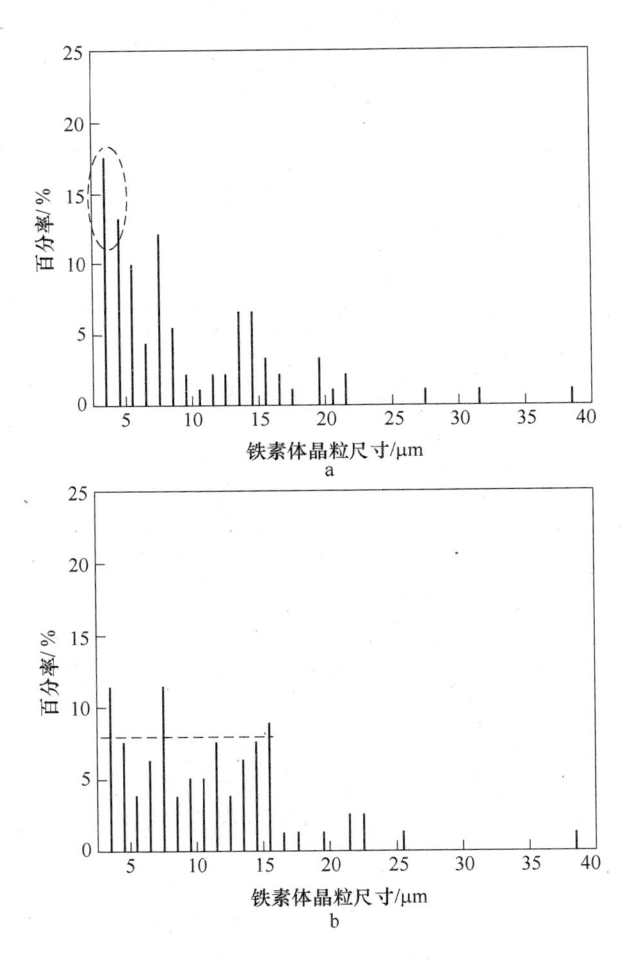

图 5-16 不同冷却路径下实验钢的铁素体晶粒尺寸分布

a—冷却路径 A；b—冷却路径 B

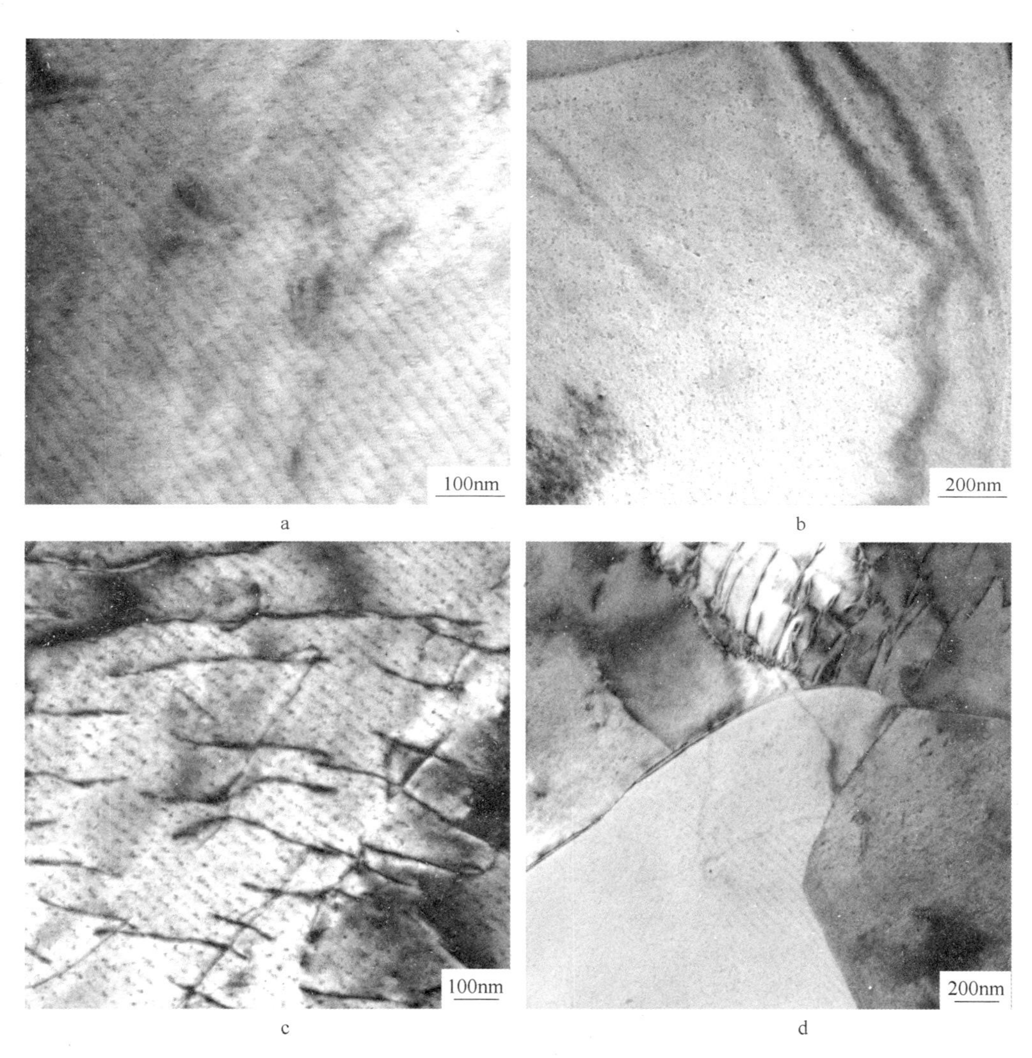

图 5-17 不同冷却路径下实验钢的 TEM 形貌

a，b—冷却路径 A；c，d—冷却路径 B

实验钢的力学性能如表 5-3 所示。

表 5-3 实验钢的力学性能

项 目	*YS*/MPa	*TS*/MPa	*A*/%	*YR*	*n*
冷却路径 A	664.3	813.7	24.0	0.82	0.134
冷却路径 B	635.3	753.3	22.4	0.84	0.133

对于铁素体钢，如果不考虑位错强化和沉淀强化，铁素体钢的屈服强度

可用式（5-8）表示：

$$\begin{aligned}\sigma_y &= \Delta\sigma_0 + \Delta\sigma_{SS} + \Delta\sigma_{GB} \\ &= 53.9 + (32.34w(\mathrm{Mn}) + 83.16w(\mathrm{Si}) + \\ &\quad 360.36w(\mathrm{C}) + 354.2w(\mathrm{N})) + 17.402d^{-1/2}\end{aligned} \tag{5-8}$$

式中 σ_y——屈服强度，MPa；

$\Delta\sigma_0$——纯铁的屈服强度，MPa；

$\Delta\sigma_{SS}$——固溶强化量，MPa；

$\Delta\sigma_{GB}$——细晶强化量，MPa；

$w(\mathrm{Mn})$，$w(\mathrm{Si})$，$w(\mathrm{C})$，$w(\mathrm{N})$——平均 Mn、Si、C 和 N 含量，%；

d——铁素体晶粒直径，mm。

$w[\mathrm{Mn}]$ 的含量为 1.31%，$w[\mathrm{Si}]$ 的含量为 0.31%，根据式（5-3）和式（5-4），估算了自由碳含量约为 0.022%，由于 Ti 添加量较多，假设 N 完全被 Ti 固定，所以自由氮的含量为 0。

另外，采用 5.3 节中的位错强化量，根据实测屈服强度和式（5-9）估算了不同冷却路径下的沉淀强化量，如表 5-4 所示。

$$\sigma_y = \Delta\sigma_0 + \Delta\sigma_{SS} + \Delta\sigma_{GB} + (\Delta\sigma_{Dis}^2 + \Delta\sigma_{Orowan}^2)^{1/2} \tag{5-9}$$

表 5-4 屈服强度分量

项　目	冷却路径 A	冷却路径 B
$\Delta\sigma_0$/MPa	53.9	53.9
$\Delta\sigma_{SS}$/MPa	76.1	76.1
$\Delta\sigma_{GB}$/MPa	178.5	166.7
$\Delta\sigma_{Dis}$/MPa	168.5	168.5
$\Delta\sigma_{Orowan}$/MPa	313.4	293.7
σ_y/MPa	664.3	635.3

5.4 碳素钢中渗碳体析出行为

近年来，奥氏体相变过程中发生的渗碳体析出现象引起了广泛的关注。渗碳体是钢中最常见且最经济的第二相，也是碳素钢中最为主要的强化相，它的形状与分布对钢的性能有着重要的影响。在碳素钢中，渗碳体的体积分数可以达到10%而无需增大生产成本，根据第二相强化理论，若能通过有效的方法使渗碳体细化到数十纳米的尺寸，将可以产生非常强烈的第二相强化效果，起到微合金碳氮化物一样的强化作用，在极大地降低生产成本和节约合金资源的同时，实现钢材的高性能。如何通过控制热轧工艺来实现中渗碳体的纳米级析出将是未来碳素钢强化的主要发展方向之一。

但是，在传统热轧工艺的冷却过程中，碳素钢中渗碳体往往以珠光体片层的形式析出，而并非以纳米颗粒形式析出。此外，渗碳体沉淀析出后，会立即发生聚集长大过程，即 Ostwald 熟化过程，渗碳体的熟化速率一般比微合金碳氮化物要大 2.5~4 个数量级，即使在很低的温度下，渗碳体也会发生明显的粗化。因此，如何通过控制轧制和冷却工艺来实现碳素钢中纳米渗碳体的析出一直是该研究方向的首要难题。

5.4.1 热力学计算

Nb、V、Ti 等合金的碳氮化物是在近平衡条件下析出的稳定相，而碳素钢中的渗碳体，在近平衡条件下通常形成片层的珠光体结构，而无法形成纳米级渗碳体颗粒的析出，颗粒状渗碳体是在较大过冷度条件下形成的亚稳相。因此，首先需要利用 KRC 和 LFG 经典热力学模型对在超快速冷却条件下过冷奥氏体的相变驱动力进行计算，分析碳素钢形成纳米级渗碳体颗粒的可能性和规律性，为热轧实验提供理论依据。

根据 KRC 和 LFG 模型，过冷奥氏体存在三种可能的相变机制。一是先共析转变，即由奥氏体中析出先共析铁素体，余下的是残余奥氏体，反应式为：$\gamma \rightarrow \alpha + \gamma_1$；二是退化珠光体型转变，奥氏体分解为平衡浓度的渗碳体和铁素体，反应式为：$\gamma \rightarrow \alpha + Fe_3C$；三是奥氏体以马氏体相变方式转变为同成分的铁素体，反应式为：$\gamma \rightarrow \alpha$，然后在过饱和的铁素体中析出渗碳体，自身成为过饱和 C 含量较低的铁素体。

图 5-18 和图 5-19 分别为 KRC 和 LFG 模型对两种实验钢相变驱动力的计算结果。可以看出，KRC 和 LFG 模型得到的相变趋势大体是一致的：过冷奥氏体以退化珠光体方式转变的驱动力最大（负值最多），以先共析铁素体方式转变的驱动力次之，以马氏体相变方式转变的驱动力最小。若过冷奥氏体组织发生退化珠光体转变，分解生成平衡浓度的渗碳体和铁素体，那么在实

际热轧过程的超快速冷却条件下，碳原子的扩散将受到抑制，在短时间内渗碳体将很有可能无法充分长大成片层结构而直接形成弥散分布的纳米级颗粒。因此，热力学的计算结果从理论上证明了通过增加冷却速度促使过冷奥氏体分解析出纳米级渗碳体颗粒的可能性。

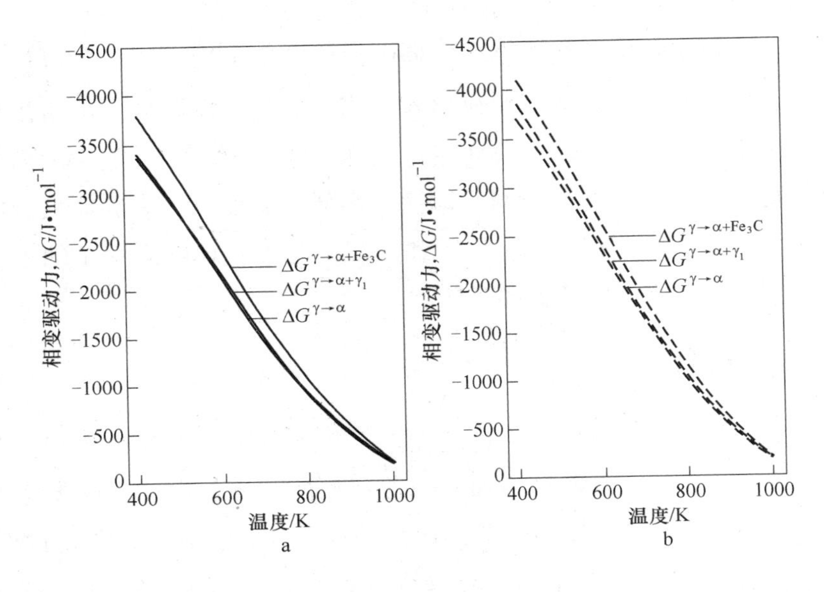

图 5-18 由 KRC 模型（a）和 LFG 模型（b）计算 Fe-0.17%C 的相变驱动力

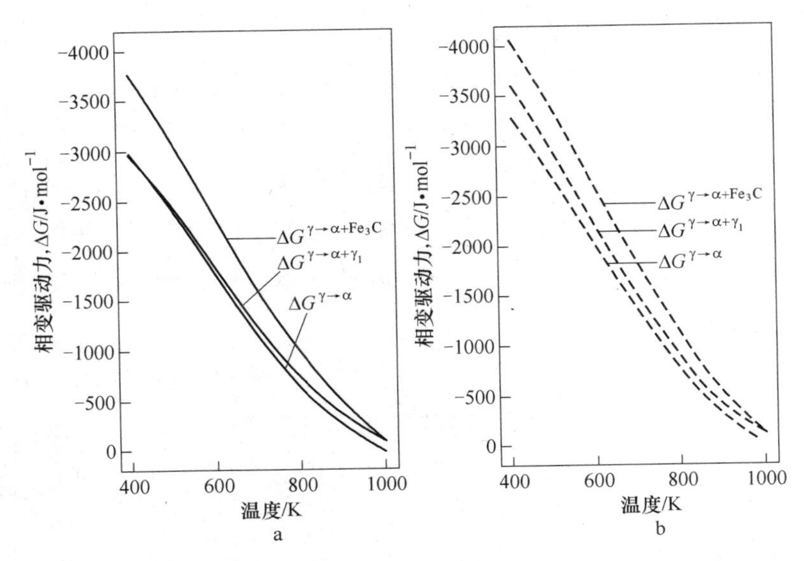

图 5-19 由 KRC 模型（a）和 LFG 模型（b）计算 Fe-0.33%C 的相变驱动力

5.4.2 实验材料及方法

在热力学模型计算提供理论依据的基础上，设计了超快速冷却的热轧工艺实验。材料实验采用C含量为0.17%和0.33%的碳素钢，成分如表5-5所示。在两种实验钢的成分设计中采用了不同的碳含量，并且都无微合金元素添加。

表5-5 实验用钢的化学成分 （质量分数，%）

编号	C	Si	Mn	P	S	N
Ⅰ	0.17	0.18	0.70	0.008	0.002	0.0035
Ⅱ	0.33	0.18	0.71	0.004	0.001	0.0020

实验钢在热轧结束后，立即采用超快速冷却，冷却速率为100~120℃/s，控制超快速冷却终冷温度，并与后续层流冷却相配合，在500℃的温度区间进行卷取。

5.4.3 实验结果及讨论

图5-20和图5-21分别是两种实验钢的强度和断后伸长率随超快速冷却终冷温度降低的变化情况。从图5-20和图5-21中可以看出，当超快速冷却终冷温度持续降低时，两种实验钢的屈服强度和抗拉强度都有明显的提高，而且变化趋势相当。与传统ACC层流冷却工艺对比，当采用超快速冷却终冷时，两种实验钢的屈服强度增量都超过100MPa，强化效果非常可观。当然，材料的伸长率相应的略有下降。

图5-22a和b分别为0.17%C钢和0.33%C钢的在超快速冷却条件下的扫描（SEM）组织图像。从图5-22中可以看出，实验钢的组织由黑色的铁素体区和白色的珠光体区组成。珠光体在组织中占有绝对的优势，而且随着钢中碳含量的增加，组织中珠光体体积分数进一步增加，铁素体分数相应减少。铁素体的内部组织非常纯净，无析出物分布。

图5-22c和d分别为0.17%C钢和0.33%C钢在珠光体区域的TEM组织图像。实验钢中的珠光体形貌已经不再是传统的片层状结构，而是发生了退化，片层结构被打破，生成了短片状、椭圆形，甚至接近圆形的

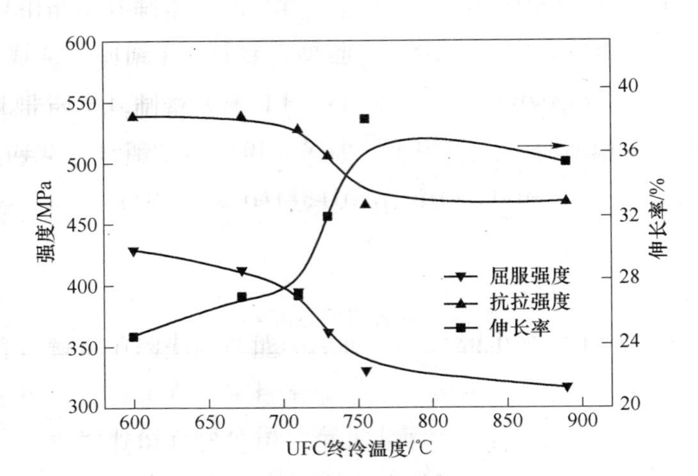

图 5-20 超快速冷却终冷温度对 0.17%C 钢力学性能的影响

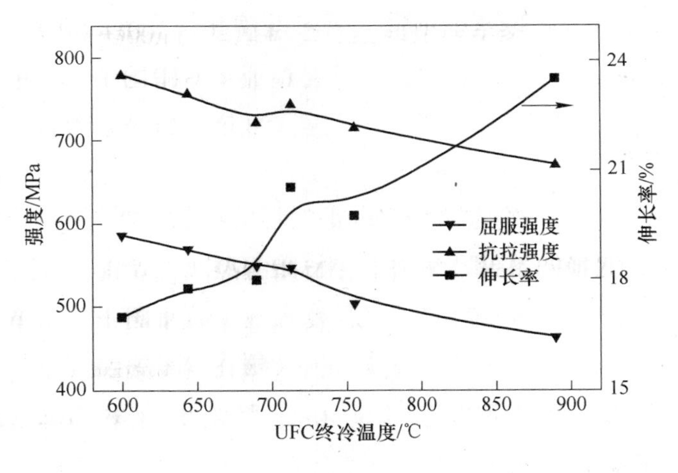

图 5-21 超快速冷却终冷温度对 0.33%C 钢力学性能的影响

纳米颗粒。这种由均匀的过冷奥氏体直接形成的非片状珠光体叫做退化珠光体，这一过程叫做珠光体退化。从图 5-22c 和 d 可以看出，两种实验钢中都有大量纳米级渗碳体弥散析出，颗粒尺寸在 10nm 到 100nm 的范围内。超快速冷却（UFC）技术，突破了传统热轧生产线上冷却能力不足的制约，通过提高热轧后的冷却速度促使渗碳体在过冷状态下析出，在无微合金添加的条件下实现了碳素钢组织中渗碳体的纳米级析出，并产生了明显的析出强化效果。

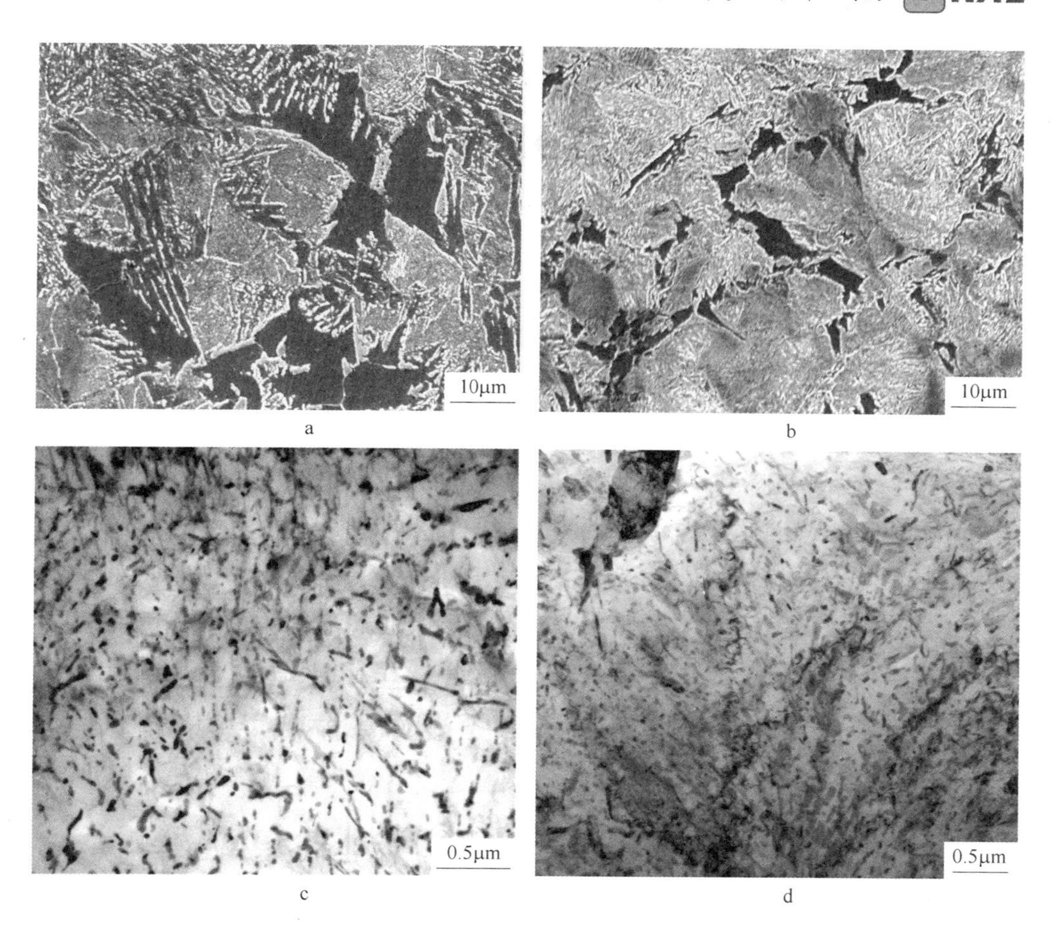

图 5-22 超快速冷却条件下 0.17%C 钢（a，c）和 0.33%C 钢（b，d）的 SEM 和 TEM 图像

针对碳素钢中纳米渗碳体的析出问题，利用新一代 TMCP 工艺，通过轧后超快速冷却，提高奥氏体的过冷度，使过冷奥氏体在非平衡状态下发生相变，是实现碳素钢中渗碳体纳米化的一种有效方式。

以 0.17%C 实验钢为例，利用 MMS-300 热模拟试验机对实验钢动态 CCT 曲线的测定结果，得到实际轧后冷却路径对退化珠光体相变影响的示意图，如图 5-23 所示。图 5-23 中 0.17%C 钢的平衡相变温度 A_{e3} 和 A_{e1} 是通过 thermo-calc 软件计算得到的。

从图 5-23 中可以看出，与传统层流 ACC 的冷却路径相比，在超快速冷却条件下，0.17%C 实验钢的相变起始温度更低，过冷度更大，从而导致退化珠光体相变时相界面处自由能差增加而造成相界面的加速运动。与此同时，

C 的扩散系数随着温度的降低而明显下降，C 的扩散行为在超快速冷却条件下受到限制。当 C 的扩散速率小于相界面的移动速度时，在相界面的前沿碳原子供给不足，渗碳体将无法持续增长成片层状，而是以纳米颗粒的形式沉淀析出。

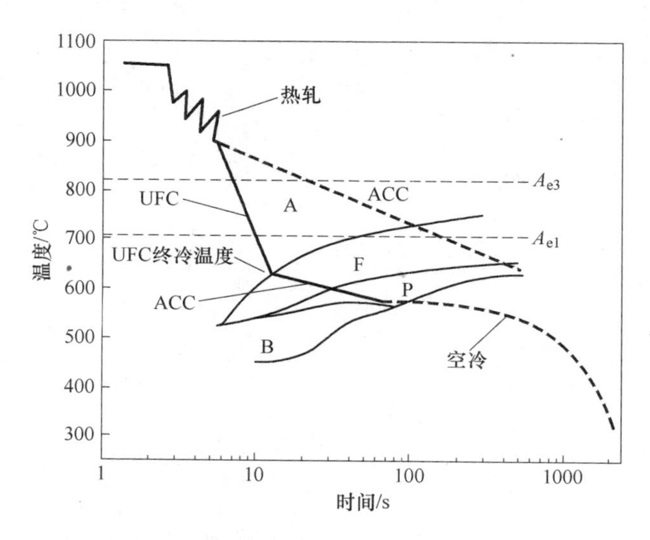

图 5-23 退化珠光体相变的冷却路径示意图

从 CCT 曲线可以看出，轧后的超快速冷却过程抑制了先共析铁素体的形成，随着冷速的增加，组织中先共析铁素体的体积分数逐渐减少，相对应地，珠光体的体积分数逐渐增多。在钢中碳含量一定的情况下，组织中珠光体区域的增多必然导致渗碳体更加弥散地分布，而并不是聚集长大成片层状。

从能量的角度而言，渗碳体以颗粒形式代替片层状结构析出，必然会导致渗碳体表面能的增加，因此，这部分增加的能量正是通过超快速冷却实现更大的过冷度，从而产生更大的自由能差，提供更多的动力进行弥补的。

超快速冷却的终冷温度也是影响渗碳体析出的重要参数，在超快速冷却的情况下，随着终冷温度的下降，渗碳体颗粒析出更加弥散细小，并且在退化珠光体的组织中，位错密度明显升高。这是因为高温热轧结束后立即进入超快速冷却，原始奥氏体没有足够的时间进行再结晶和晶粒生长，晶粒内由于高温变形产生的大量位错被保留下来，而这些位错对渗碳体的析出有着非常显著的影响。这是因为位错是碳原子扩散的便捷通道和渗碳体有利的形核位置。此外，当渗碳体颗粒在错位的周围析出时，原有的位错缺陷会消失，导致位错能量降低，这也是渗碳体析出的一种驱动力。因此，纳米级渗碳体颗粒更可能在位错周围形成析出沉淀。当退化珠光体在内部具有大量位错的晶粒内部生长时，渗碳体颗粒将不再单调地呈点列状分布，而是沿位错分布。图 5-24 为 0.17%C 实验钢中的渗碳体在位错区域析出的图像，可以看出，大量的纳米级渗碳体在位错线的周围分布。

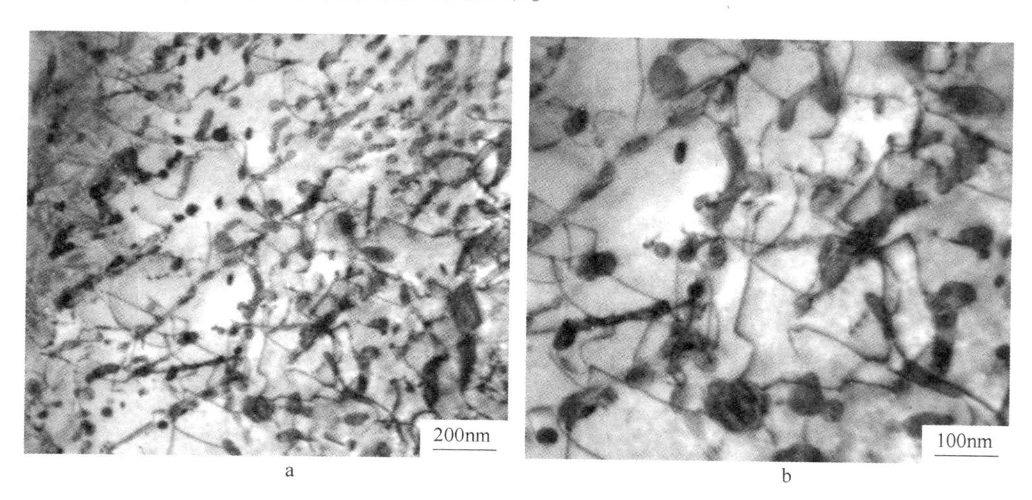

图 5-24 0.17%C 钢中的渗碳体在位错区域析出的 TEM 像

应用轧后超快速冷却技术，成功地将实验钢传统组织中渗碳体的片层结构细化成为了纳米尺度颗粒，达到了析出强化的作用，使得实验钢的屈服强度提高 100MPa 以上，强化效果明显。因此，通过超快速冷却工艺可以在不增加合金成分的条件下，明显提高钢材强度，实现钢材的产品升级，例如 Q235 和 Q345 的升级轧制。

虽然通过超快速冷却在无微合金添加的条件下实现了渗碳体以纳米颗粒的形式析出，但组织中渗碳体的析出分布并不均匀，依然存在有一定量的先共析铁素体区。由于先共析铁素体碳含量非常低，内部非常纯净，并无渗碳体析出，因此对于整体组织而言，在纳米渗碳体析出时无法达到均匀强化的效果。

因此，在超快速冷却的基础上，对实验钢继续采用形变热处理（TMT）工艺，即在渗碳体未完全沉淀析出前，施加一定量的塑性变形，通过变形进一步增加板坯内部的位错密度，进一步增加渗碳体析出时的形核位置，从而使得渗碳体的分布更加弥散。随后在珠光体区进行短时间保温，保证渗碳体充分析出。最终通过调整冷却路径和后续形变热处理工艺来控制退化珠光体转变时纳米级渗碳体的析出行为，从而达到实现更加强烈的第二相强化作用。

对上述 0.17%C 实验钢进行超快速冷却和形变热处理工艺研究，得到的力学性能如图 5-25 所示。可以看出，采用超快速冷却和形变热处理相结合的工艺强化效果远高于单独采用超快速冷却的工艺情况，实验钢强度得到明显提高，屈服强度可达到 600MPa 以上，甚至超过 700MPa，实现了屈服强度的翻倍增长。同时，实验钢的力学性能受超快速冷却终冷温度的影响，实验钢的强度随着超快速冷却终冷温度的降低而升高，而伸长率随着超快速冷却终冷温度的降低呈下降趋势，变化范围是 16%~25%。

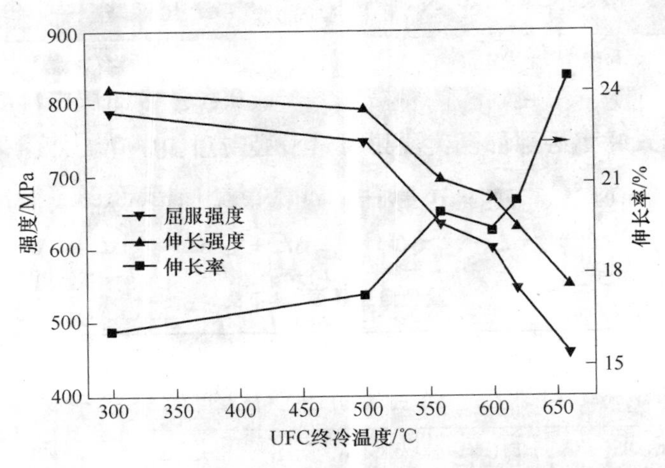

图 5-25 形变热处理工艺中 UFC 终冷温度对 0.17%C 钢力学性能的影响

在采用超快速冷却和变形热处理实验以后，0.17%C 实验钢的典型组织形貌如图 5-26 所示。从图 5-26a 可以看出，在变形热处理工艺条件下，实现了基体组织的均匀化，形成了更加单一的组织结构。在这样单一的组织基体中，先共析铁素体基本消失，并不存在明显的贫碳区和富碳区。通过高倍的透射电镜进一步观察发现，如图 5-26b 所示，在单一的基体上均匀弥散地分布着大量纳米渗碳体颗粒。与单独的超快速冷却工艺相比，相变前的变形产生了更多的形核位置，使得在保温过程中，渗碳体得到更加充分的析出，而且尺寸小而均匀，大约为 30~50nm。

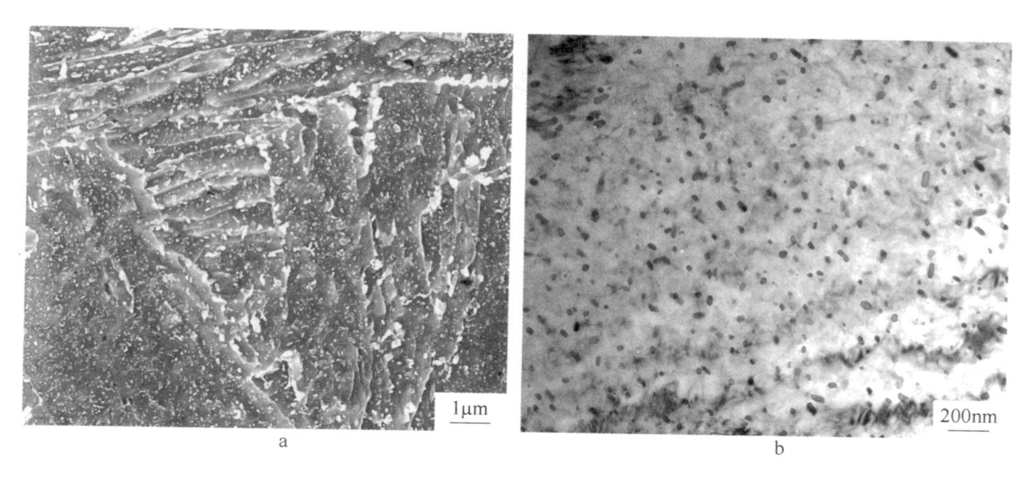

图 5-26 形变热处理后 0.17%C 钢的组织形貌像

a—SEM；b—TEM

图 5-27 给出层流冷却（ACC）、超快速冷却（UFC）和超快速冷却+变形热处理（UFC+TMT）3 种不同工艺条件下的拉伸曲线。可以看出，在超快速冷却+变形热处理工艺中，实验钢的弹性极限显著地提高，材料保持完全弹性变形的能力明显增强。材料的屈服强度得到翻倍增加，抵抗初始塑性变形的能力提高。同时，屈服平台消失，有利于提高材料加工时的表面质量。

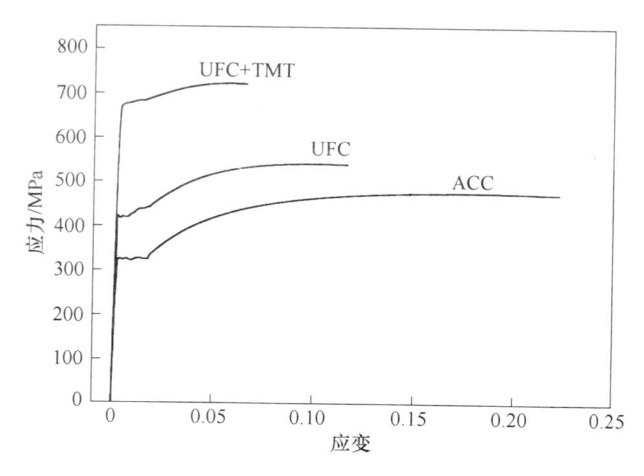

图 5-27 不同工艺条件下的拉伸曲线

采用轧后超快速冷却+形变热处理工艺，进一步实现了纳米渗碳体在组织中的均匀析出，使 0.17%C 钢的屈服强度翻倍增长。该工艺实现了材料的高强度要求，可以完成普通结构钢更新换代的作用，在使用温度低于 100℃ 的工作条件下，作为结构件，可以取代部分微合金钢。实验钢还具有高的弹性极限，弹性变形范围大，抵抗塑性变形能力强，可以应用于要求具备高弹性变形能力的部件中，例如弹簧钢。此外，更重要的一点是，如果根据市场需求，在实验钢中加入一定量的合金成分，在该工艺条件下，其性能势必也会有更加明显的提高和改进，这也是未来钢种开发中重要的发展方向之一。

6 基于新一代 TMCP 的贝氏体相变强韧化

6.1 引言

冷却显著影响贝氏体相变类型及 M/A 岛尺寸。由贝氏体的 TTT（Time Temperature Transformation，TTT）曲线[71]可知，粒状贝氏体在较低的冷却速度下形成，Mazancová 和 Mazanec[71]也指出冷却速度显著影响 M/A 岛的体积分数、尺寸及分布，所以研究 UFC 条件下贝氏体的形成机理及特征具有重要意义。

采用光学显微镜（Optical Microscope，OM）、扫描电子显微镜（Scanning Electron Microscope，SEM）、电子背散射衍射（Electron Back-Scattered Diffraction，EBSD）、电子探针（Electron Probe Micro-Analyzer，EPMA）和透射电子显微镜（Transmission Electron Microscope，TEM）研究了 UFC 条件下冷却路径对实验钢组织性能的影响。系统阐述了不同冷却路径下的显微组织特征，基于切变型相变和碳配分理论，阐明了粒状贝氏体的形成机制，同时基于裂纹形核和扩展理论，阐明了超快速冷却提高热轧钢材强韧性机理，对断裂机制进行了分析。

6.2 实验材料及方法

实验钢化学成分如表 6-1 所示。实验钢采用 Nb 微合金化到达细晶强化和沉淀强化的目的，同时加入微量的 Ti 提高奥氏体晶粒的粗化温度，采用 Ni、Cr、Cu 合金化达到固溶强化和提高耐蚀性的目的，同时添加一定量的 Mo，提高实验钢的淬透性。

表 6-1 实验钢化学成分 （质量分数，%）

C	Si	Mn	P	S	Ni	Cr	Cu	Mo	Nb	Ti	Al	N
0.06	0.33	1.62	0.01	0.004	0.73	0.49	0.89	0.43	0.039	0.012	0.03	0.0054

TMCP 工艺如图 6-1 所示。将 90mm×90mm×180mm 坯料重新加热至 1200℃并保温 2h 进行充分的奥氏体化，之后采用两阶段轧制工艺进行轧制，即再结晶区轧制和未再结晶区轧制。再结晶区开轧温度约为 1150℃，终轧温度约为 1100℃，压下率约为 61%；未再结晶区开轧温度约为 950℃，终轧温度约为 900℃，压下率约为 66%，压下规程为：90mm→65mm→48mm→35mm→待温→25mm→18mm→14mm→12mm。轧后采用冷却路径（1）：UFC→约 560℃（T_{CF}^1）→空冷至室温或冷却路径；（2）：即 UFC→约 400℃（T_{CF}^2）→空冷至室温进行冷却。

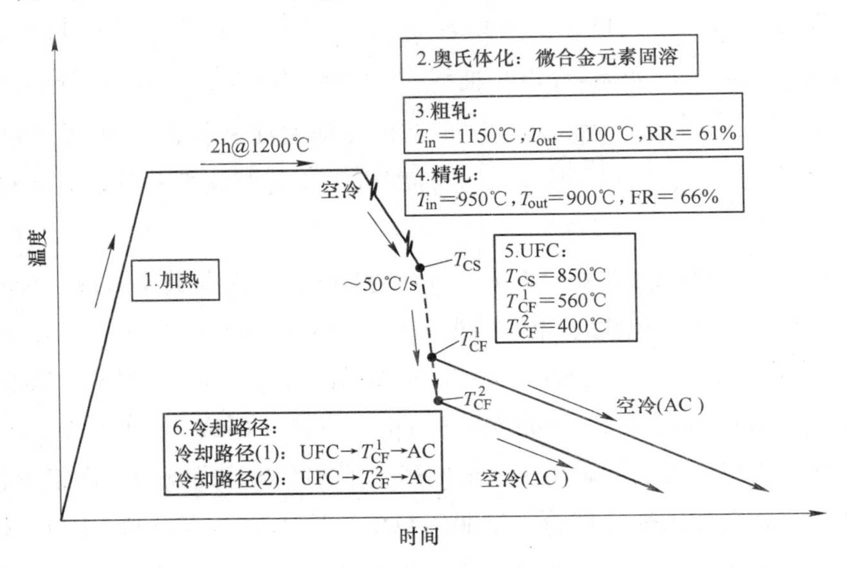

图 6-1 TMCP 工艺示意图

从热轧板上切取试样，其纵断面经抛光后于 4%硝酸酒精溶液中腐蚀约 15s，然后采用 OM（LEICA DMIRM）和 EPMA（JEOL JXA-8530F）对热轧板显微组织进行观察。平行于板面于中部将-60℃的夏比 V 形缺口冲击试样切开，此面经抛光后于 4%硝酸酒精溶液中腐蚀约 15s，然后采用 SEM（ULTR A™55）对裂纹进行观察。此外，金相试样和冲击试样机械抛光面经电解抛光去应力后用于 EBSD 分析，电解液含 12.5%的高氯酸和 87.5%的无水乙醇，电解抛光电压、电流和时间分别为 30V、1.8A 和 15s。另外，从金相试样上切取约 500μm 厚 12mm×8mm 薄试样，机械减薄至约 50μm 后冲为 ϕ3mm 圆盘，并采用电解双喷减薄仪（Struers TenuPol-5）将 ϕ3mm 圆盘进一步减薄，制成 TEM 薄膜试样，用于 TEM（FEI Tecnai G^2 F20）分析，电解液含 9%的高氯酸和 91%的无水乙醇，电解双喷减薄温度、电压、电流分别为 -30℃、31V 和 50mA。

采用 CMT-5105 拉伸实验机对圆断面标准拉伸试样（符合 GB/T 228—2002 国家标准，此标准等效于 ISO 6892：1998 国际标准）沿 RD 方向拉伸，拉伸速度恒定为 5mm/min，测试实验钢的屈服强度、抗拉强度及延伸率等力学性能。采用 JBW-500 冲击实验机测定 10mm×10mm×55mm 标准 CVN 冲击试样（符合 GB/T 229—1994 国家标准，此标准等效于 ISO 148：1983 和 ISO 83：1976 国际标准）在不同实验温度下的冲击吸收功，冲击试样轴线平行于 RD 方向，实验温度为 25℃、0℃、-20℃、-40℃和-60℃，测试前冲击试样于不同温度的液体冷却介质中等温约 20min。

6.3 实验结果及讨论

6.3.1 不同冷却路径下实验钢的显微组织特征

图 6-2、图 6-3 和图 6-4 显示，在冷却路径 1 条件下，实验钢的组织主要为粒状贝氏体组织，且 M/A 岛粗大；而在冷却路径 2 条件下，实验钢的组织由板条贝氏体和粒状贝氏体组成，且 M/A 岛得到充分细化。根据式（6-1）和式（6-2）[72,73]可以估算实验钢的贝氏体相变开始温度（B_s）和马氏体相变开始温度（M_s）分别为 562℃和 393℃。

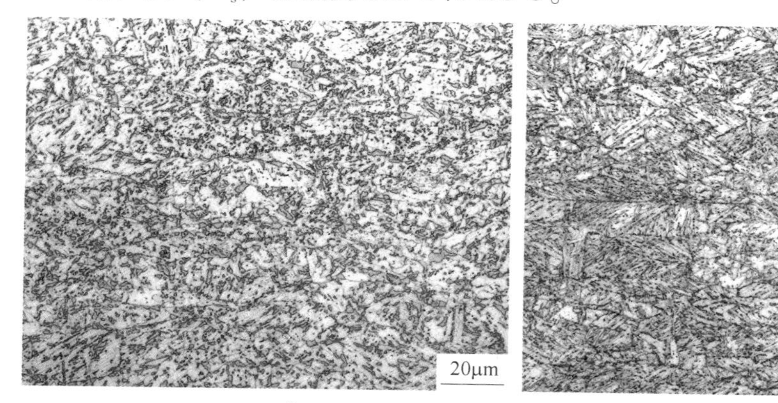

a

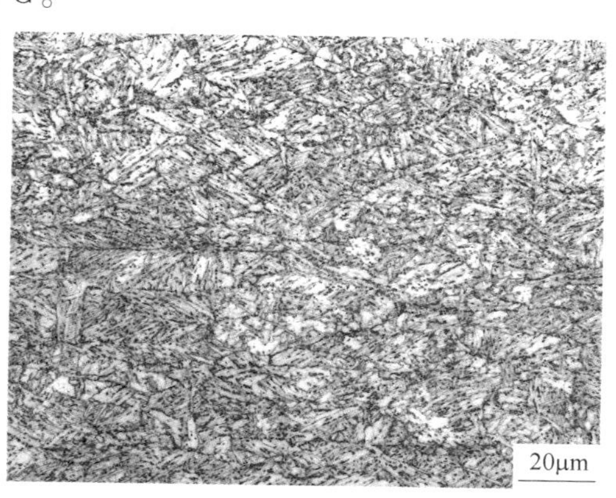

b

图 6-2 不同冷却路径下热轧板的光学显微组织

a—冷却路径 1；b—冷却路径 2

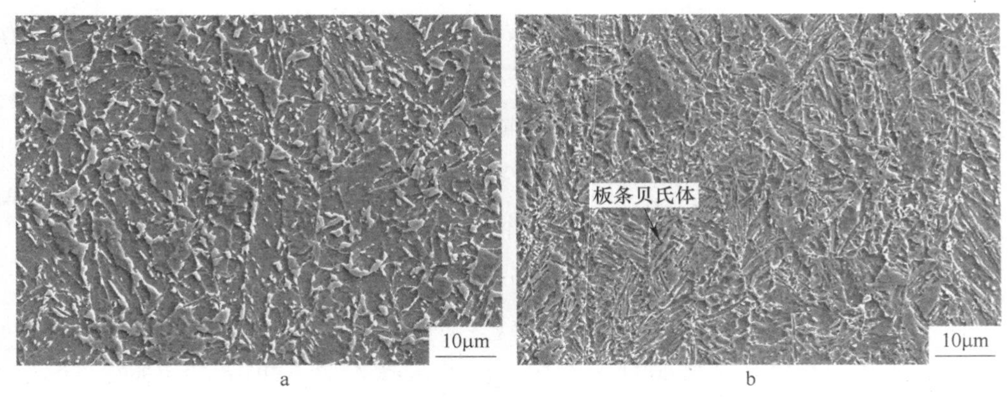

图 6-3 不同冷却路径下热轧板的二次电子形貌像

a—冷却路径 1；b—冷却路径 2

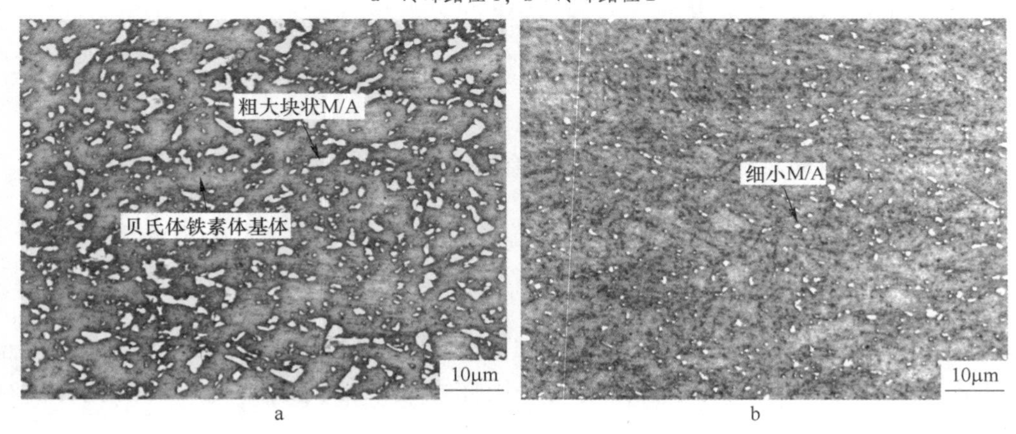

图 6-4 不同冷却路径下热轧板的 M/A 分布

a—冷却路径 1；b—冷却路径 2

在较高 UFC 终冷温度 560℃条件下，贝氏体相变主要发生在空冷过程中；而在较低 UFC 终冷温度 400℃条件下，贝氏体相变主要发生在超快速冷却过程中。可见，贝氏体相变过程中超快速冷却的应用，一方面，可以大大细化 M/A 岛，降低 M/A 岛体积分数；另一方面，可以促进板条贝氏体的形成。

$$M_s(\mathrm{K}) = 764.2 - 302.6w(\mathrm{C}) - 30.6w(\mathrm{Mn}) - 16.6w(\mathrm{Ni}) - 8.9w(\mathrm{Cr}) + 2.4w(\mathrm{Mo}) - 11.3w(\mathrm{Cu}) + 8.58w(\mathrm{Co}) + 7.4w(\mathrm{W}) - 14.5w(\mathrm{Si}) \quad (6\text{-}1)$$

$$B_s(℃) = 745 - 110w(\mathrm{C}) - 59w(\mathrm{Mn}) - 39w(\mathrm{Ni}) - 68w(\mathrm{Cr}) - 106w(\mathrm{Mo}) + 17w(\mathrm{MnNi}) + 6w(\mathrm{Cr})^2 + 29w(\mathrm{Mo})^2 \quad (6\text{-}2)$$

不同冷却路径下实验钢的二次电子形貌像和与之对应的碳分布图如图 6-5 所示。采用电子探针测得图 6-5b 中 M/A 岛的碳含量约为 0.22%（质量分数），远高于基体平均碳含量 0.06%（质量分数）。但是图 6-5d 显示，碳分布相对均匀，且未观察到大块碳富集区。Zhang[74]等指出粒状贝氏体相变特征同马氏体切变相变一样，但相变过程不会在瞬间完成[71]，而是发生在整个连续冷却过程中；另外，贝氏体相变温度较高，碳可以充分地配分到未转变奥氏体中而形成富碳奥氏体[75,76]，这些富碳奥氏体在 M_s 点以下转变为马氏体或稳定至室温而形成富碳 M/A 岛。

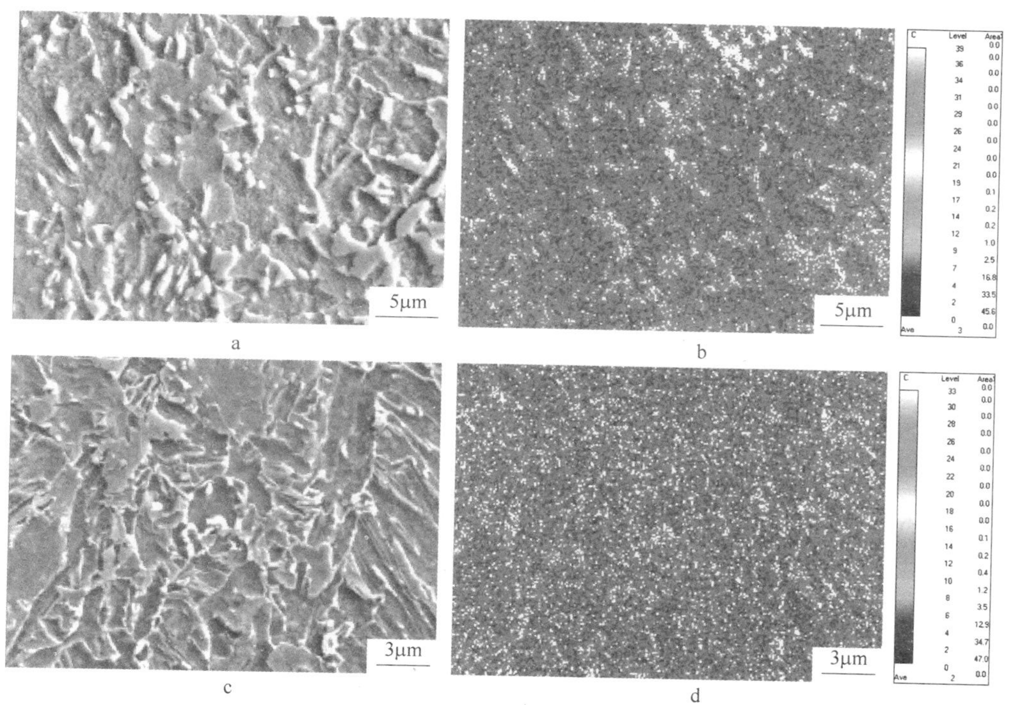

图 6-5 不同冷却路径下热轧板的二次电子形貌像及与之对应的碳分布图

a，b—冷却路径 1；c，d—冷却路径 2

根据超组元模型[77]和 LFG 模型[78,79]，采用修正的 Zener 参数[80]、碳在奥氏体和铁素体中的碳-碳交互作用能、偏摩尔焓、偏摩尔非配置熵和 $\Delta G_{Fe}^{\gamma \to \alpha}$[81]，计算出在贝氏体相变开始温度 562℃ 下的 $\Delta G^{\gamma \to \alpha'}$ 约为 -992J/mol，所以从热力学上来说，实验钢的贝氏体相变可以通过切变完成。根据粒状贝氏体切变特征和粒状贝氏体相变过程中碳的扩散，阐明了 M/A 岛的形成机制。当温度降低至贝氏体相变开始温度，贝氏体铁素体开始形成，同时由于切变相变特征，贝氏体铁素体中的碳含量与母相奥氏体的碳含量一样，但是由于非均匀形核动力学的限制，整个奥氏体晶粒不能瞬间完全转变为贝氏体铁素体，而且碳在铁素体中的固溶度远小于在奥氏体中的固溶度，所以贝氏体铁素体中的过饱和碳扩散至残余奥氏体，如图6-6a所示，导致奥氏体的热稳定性提高。这些热稳定性提高的奥氏体只能在更低的温度下相变为贝氏体铁素体，且此时的贝氏体铁素体中的碳含量与热稳定性提高的奥氏体中的碳含量一致，同样发生碳的配分，如图6-6b所示。随着碳含量的升高，残余奥氏体变得更加稳定，以至于残余奥氏体不能继续转变为贝氏体铁素体，而在M_s点以下转变为马氏体或稳定至室温，如图6-6c所示。所以，在冷却路径1条件下，由于碳的充分配分而形成大块富碳M/A岛；而在冷却路径2条件下，由于贝氏体相变中超快速冷却的应用和较低的UFC终冷温度，碳未能发

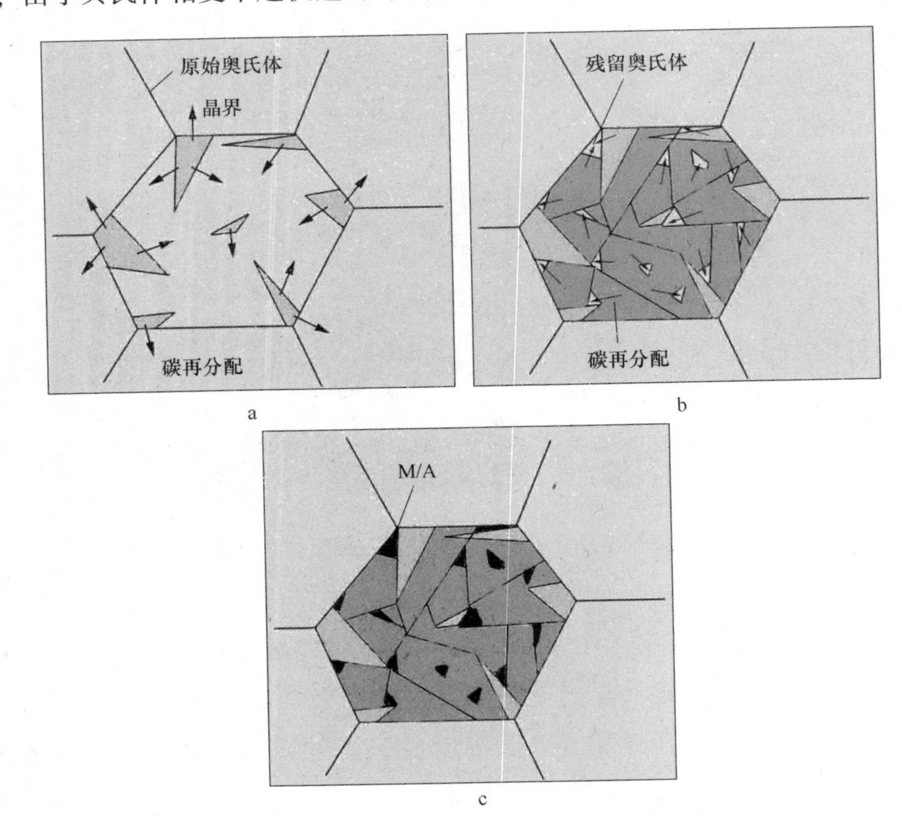

图6-6 M/A组元形成示意图

充分配分，进而抑制了大块富碳 M/A 岛的形成。

生不同冷却路径下薄膜试样的 TEM 形貌如图 6-7 所示。图 6-7 显示，在冷

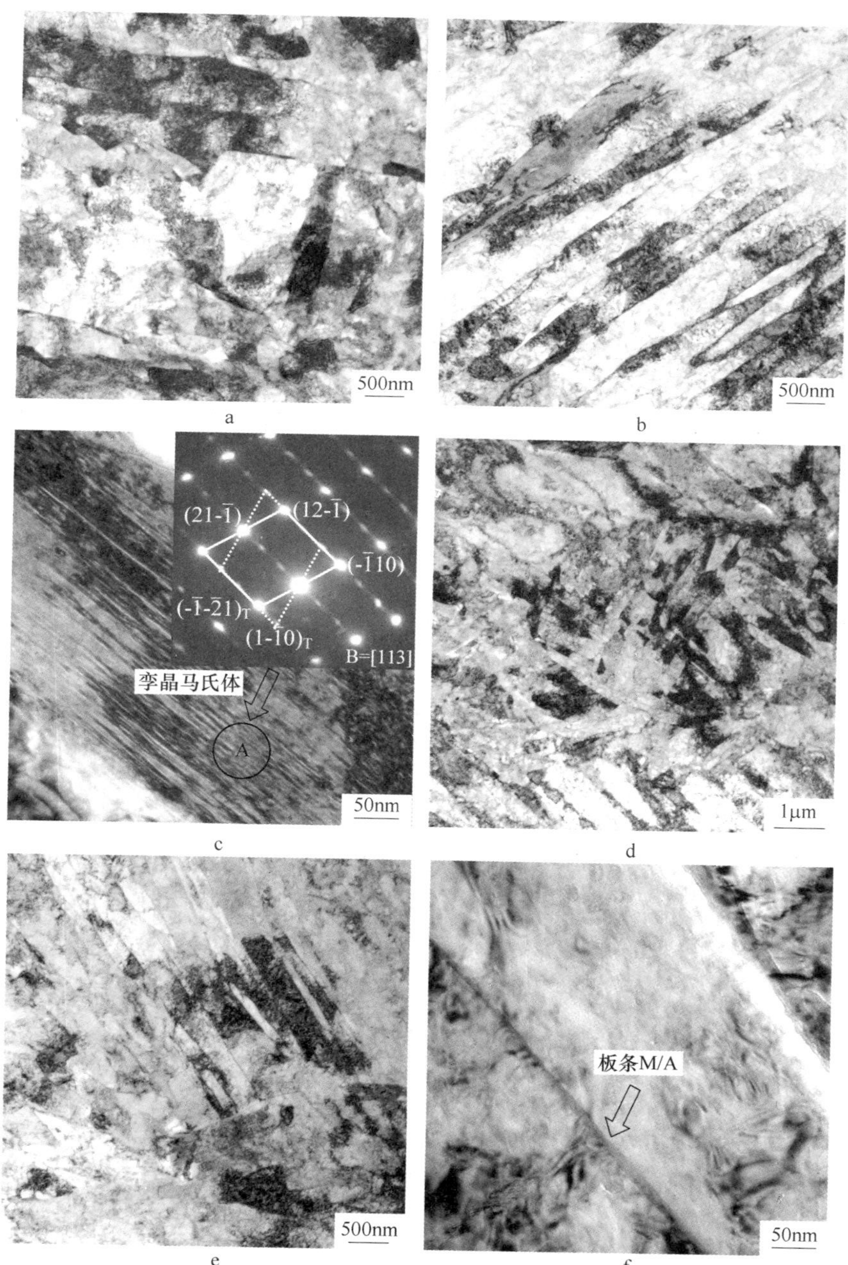

图 6-7 不同冷却路径下薄膜试样的 TEM 显微照片

a，b，c—冷却路径 1；d，e，f—冷却路径 2

却路径1条件下，可观察到贝氏体板条和块状M/A岛，且图6-7c中箭头A所指区域的选取衍射（晶带轴B=［113］，孪晶面（pqr）=（$21\bar{1}$））结果显示M/A岛主要为孪晶马氏体岛。EPMA分析结果显示M/A岛的碳含量高达0.22%（质量分数），远高于基体平均碳含量0.06%，但图6-7c显示M/A岛主要为孪晶马氏体岛，说明碳含量高达0.22%的残余奥氏体不能稳定至室温，而在M_s点以下转变为高碳孪晶马氏体。但在冷却路径2条件下，贝氏体也呈板条状，较冷却路径1条件下的贝氏体板条明显细化，且在板条间观察到薄膜状M/A组织。所以贝氏体相变过程中，超快速冷却的应用可以细化贝氏体板条，抑制大块状孪晶马氏体岛的形成。

不同冷却路径下，实验钢的典型取向图如图6-8所示。衍射质量图反映了

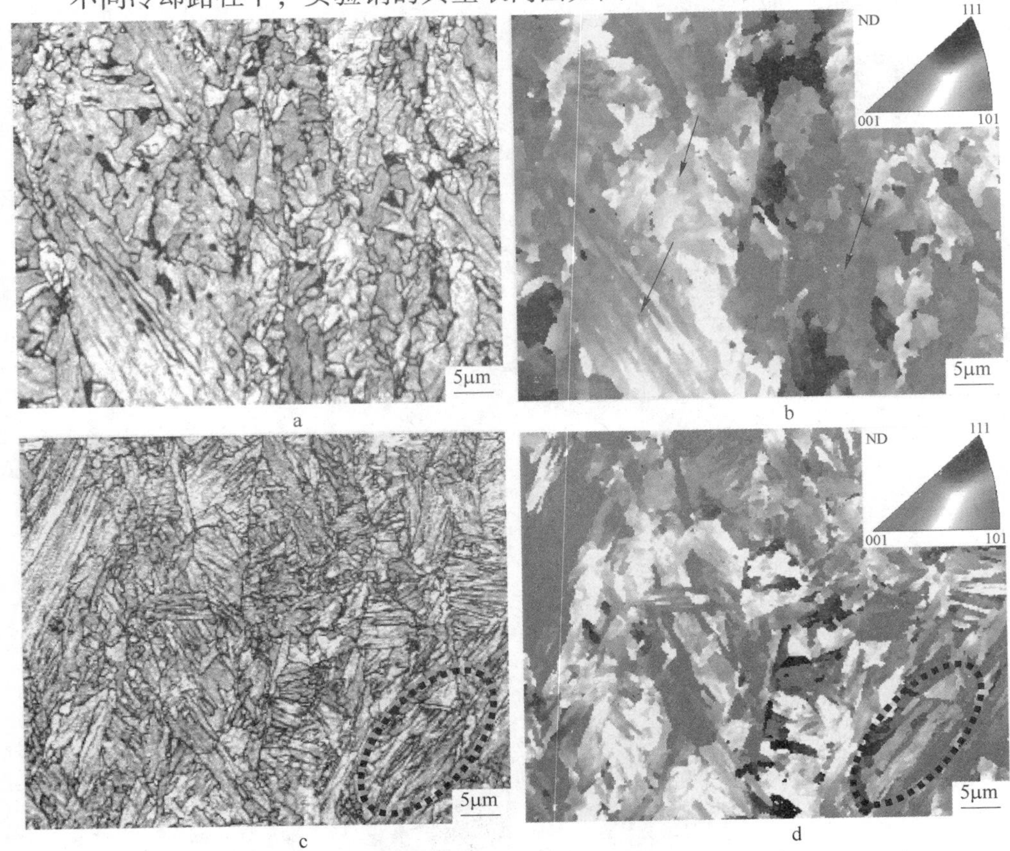

图6-8 不同冷却路径下热轧板中贝氏体典型取向图

a，c—衍射质量图；b，d—晶粒取向图

（a、b为冷却路径1，c、d为冷却路径2）

每一个测量点菊池线的质量，在界面处很难得到菊池线衍射，使得界面处的亮度变弱[82]。图 6-8b 显示，贝氏体铁素体基体主要由大尺寸板条束和大块状贝氏体铁素体组成，且板条束内板条间的颜色相近，表明板条束内板条间的取向差较小；当板条束遇到另一板条束时，板条束的生长将会停止，因此，相邻的属于不同板条束的板条间的取向差往往大于 15°[83]。图 6-8d 显示，贝氏体铁素体基体主要由小尺寸板条束组成，即使衍射质量图上显示为一个方向的板条束，实际上却不是一个板条束，如图 6-8c 和 d 中所标示区域。Wei 等[83]在测量板条束尺寸时发现，衍射质量图所显示的一个板条束，事实上却存在三个板条束。

为了更清楚地表达微区内的板条束取向情况，对微区的极图进行了分析，图 6-9 给出了图 6-8b 中的局部晶粒取向图和与之对应的<001>极图。图 6-9b 显示，裁剪区域来源于同一个奥氏体晶粒的相变组织，且此裁剪区域仅属于一个 Bain 区[84]，裁剪区域的一个板条束基本由源于一个 Bain 区的几个变体组成，板条间呈小取向差，且图 6-8b 中有大量类似于图 6-9a 中的区域，使得其有效晶粒尺寸较大，基体阻碍裂纹扩展能力较弱。

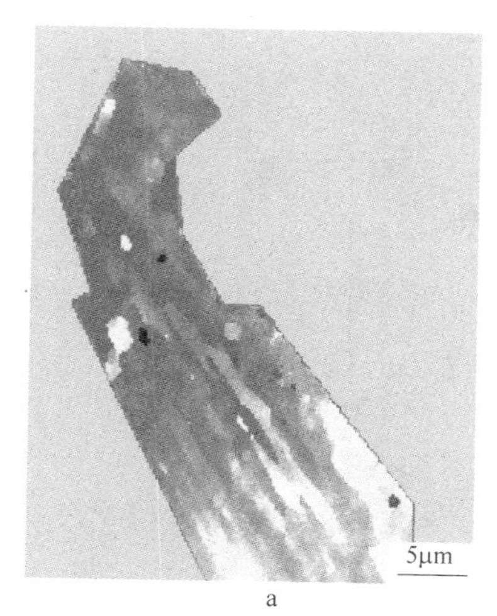

a

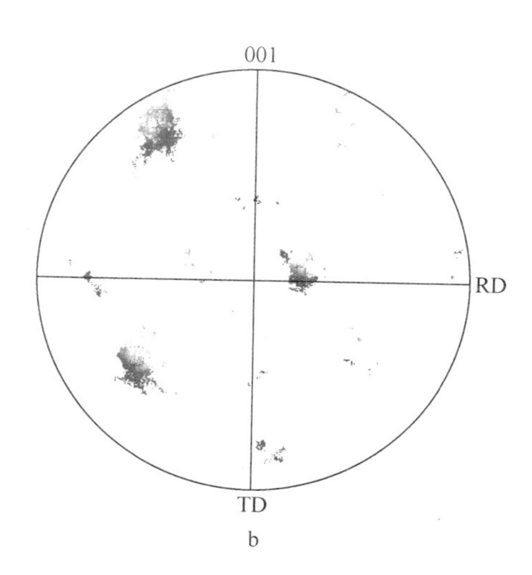

b

图 6-9 图 6-8b 中的局部晶粒取向图及与之对应的<001>极图

a—取向图；b—<001>极图

图 6-10 给出了图 6-8d 中的局部晶粒取向图及与之对应的<001>极图。图 6-10a 显示，此裁剪区域由多个板条束构成，由于这些板条束的 Bain 区满足

90°几何关系，所以这些板条束源于同一个奥氏体晶粒的相变组织。另外，不同 Bain 区的贝氏体板条束显现于图 6-10c 中。可以看出，板条束间为大角晶界，大大提高基体阻碍裂纹扩展能力。

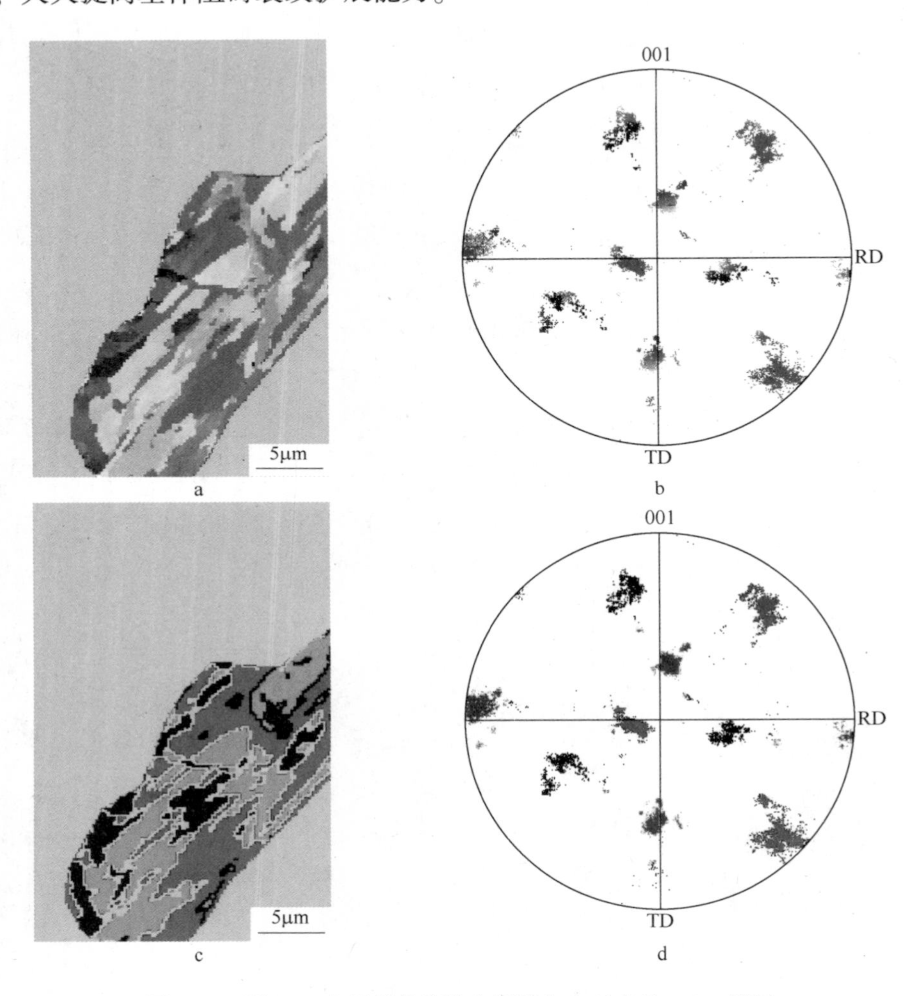

图 6-10 图 6-8d 中局部晶粒取向图及与之对应的<001>极图

a，c—取向图；b，d—<001>极图

实验钢的大、小角晶界分布如图 6-11 所示（图中灰色线为小角晶界，取向差为 2°~15°；黑色线为大角晶界，取向差大于 15°），不同取向差晶界的相对频数列于图 6-12。图 6-12 显示，同冷却路径 1 条件下的实验钢相比，冷却路径 2 条件下的实验钢的小角晶界较少，大角晶界较多。另外，图 6-11a 中存在一些铁素体板条（见箭头 A），但板条间为小角晶界，结合 TEM 分析结果，可知冷却路径 1 条件下的粒状贝氏体铁素体基体为取向差较小的铁素体板条。但是图 6-11b 中的铁素体板条间取向差较大（见箭头 B 和 C），且根据图 6-12 的结果，可知铁素体板条界主要是大于 50°大角晶界。因此可以推断出，贝氏体相变中超快速冷却的应用可以大大提高铁素体板条间的取向差，使得低温韧性大大提高。

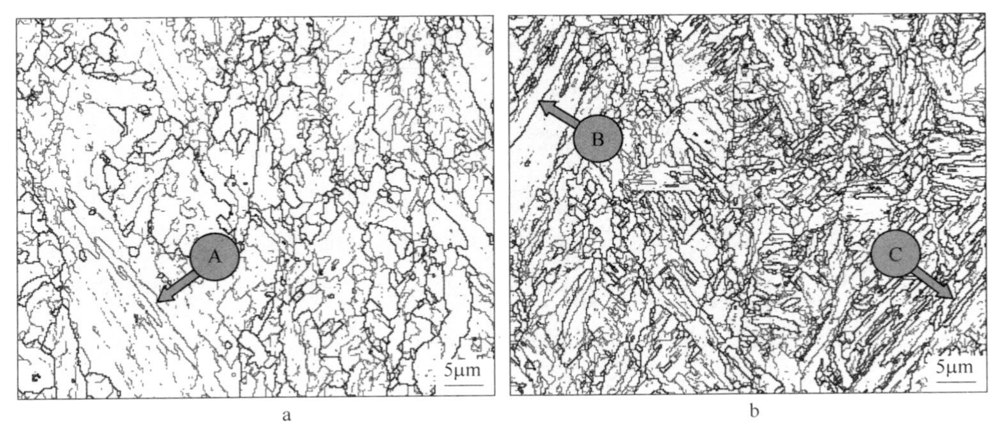

图 6-11　不同冷却路径下热轧板的大小角晶界分布

a—冷却路径 1；b—冷却路径 2

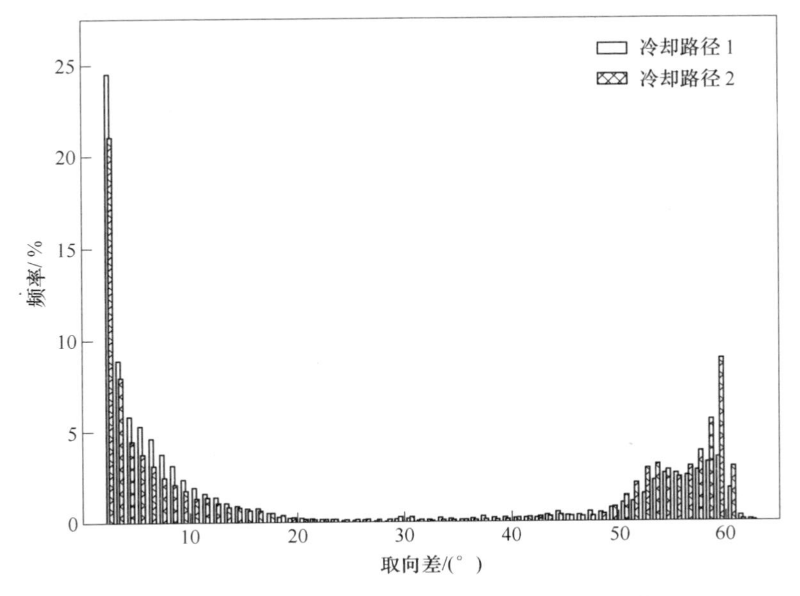

图 6-12　不同冷却路径下晶界取向差的相对频率

6.3.2 不同冷却路径下实验钢的力学性能分析

实验钢的屈服强度（*YS*）、抗拉强度（*TS*）、断后延伸率（*A*）和屈强比（*YR*）列于表6-2，且表6-2中的数据为3个平行样的平均值。可见贝氏体相变过程中超快速冷却的应用可以保证实验钢具有较高的强度、韧性、塑性，同时具有相对较低的屈强比。

表6-2 不同冷却路径下热轧板的力学性能

项目	*t*/mm	*YS*/MPa	*TS*/MPa	*A*/%	*YR*
冷却路径1	12	605	811	17.6	0.74
冷却路径2	12	876	1010	16.0	0.87

不同冷却路径下热轧板的CVN系列冲击吸收功如图6-13所示。采用系列冲击功曲线上、下平台间的中间点所对应的温度为韧脆转变温度[85]，进而确定了冷却路径1和冷却路径2条件下的DBTT（Ductile Brittle Transition Temperature，DBTT）约为-23℃（见图6-13箭头A）和低于-60℃（见图6-13箭头B）。

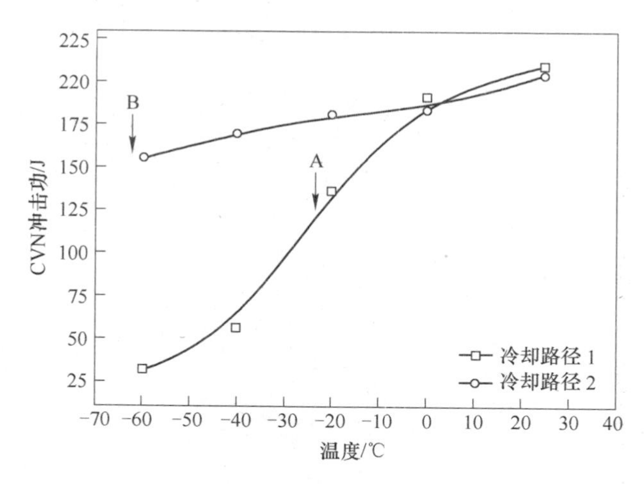

图6-13 不同冷却路径下热轧板在不同测试温度下的CVN冲击功

冷却路径1条件下，尽管其屈强比低至0.74，但由于大块M/A岛严重恶化低温韧性[86]，使得实验钢的DBTT较高；但是在冷却路径2条件下，由于大取向差、细化板条贝氏体的形成和M/A岛的细化，大大改善了实验钢的低温韧性。说明贝氏体相变过程中超快速冷却的应用不仅仅可以大幅提高实验钢的强度，还可以大大改善实验钢的低温韧性。一方面，尽管M/A岛严重恶化钢铁材料的低温韧性，但是对于细化的M/A岛，微裂纹很难形核于M/A岛上或M/A岛-基体界面处，即裂纹形核功较高；另一方面，高比例大角晶界可以大大改善钢铁材料的低温韧性[87]，通常大角晶界可以有效地阻碍裂纹的扩展，因此裂纹穿过大角晶界时会发生转向[88]，且在转向处会发生较大的塑性变形，所以在冲击断裂过程中将吸收大量能量，呈现较高的冲击吸收功，使得冷却路径2下的DBTT较低。

6.3.3 韧脆机理分析

根据以上结果，可以看出板条贝氏体和细化M/A岛的形成可以大大改善实验钢的低温韧性，但是对于贝氏体铁素体基体上分布着大块M/A岛的粒状贝氏体，严重恶化低温韧性，所以有必要对韧化和脆化机理进行深入研究。

CVN冲击试样（测试温度-60℃）的断口形貌如图6-14所示。图6-14a显示，CVN冲击试样断口呈准解理断口形貌特征，断口表面由大量准解理刻面组成，在解理刻面上存在明显的河流状花样；解理刻面（见图中所标）尺寸较大，且解理刻面间的角度较小，表明裂纹呈直线型穿过取向差较小的贝氏体板条束扩展。图6-14b显示，断口为典型的韧窝型断口形貌特征，表明具有优异的低温韧性。

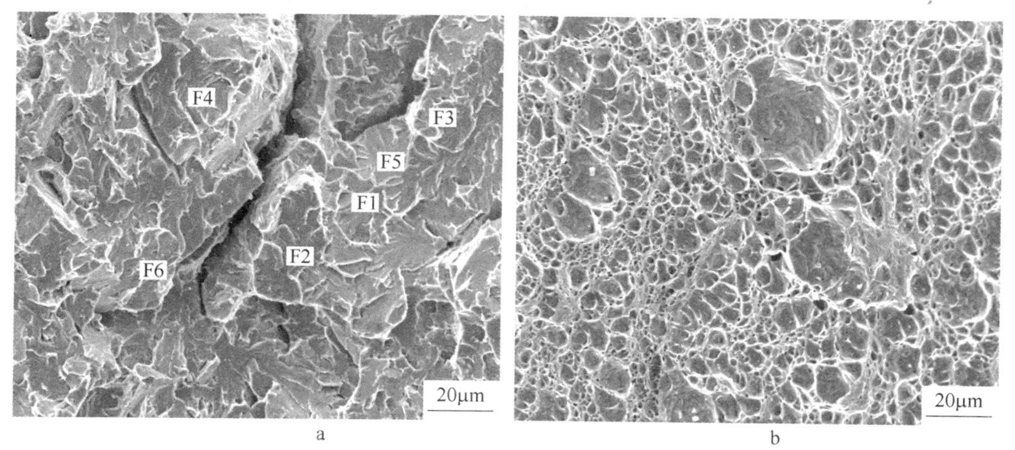

图6-14 不同冷却路径下CVN冲击试样（测试温度-60℃）的断口形貌

a—冷却路径1；b—冷却路径2

为了研究裂纹的形核和扩展情况，对 CVN 冲击试样（测试温度-60℃）断口表面下方的裂纹进行了观察，如图 6-15 所示。冷却路径 1 条件下，TEM 分析结果显示 M/A 岛主要为脆而硬的孪晶马氏体，由于孪晶马氏体和基体屈服强度的差异，在孪晶马氏体和基体界面处很容易产生应力集中，因此，当应力集中大于界面结合力或脆性马氏体自身的结合力时，微裂纹就会形核于孪晶马氏体和基体界面处或孪晶马氏体上（见图 6-15a 和 b 箭头所指）。冷却路径 2 条件下，图 6-15d 显示，实验钢基体上存在大量的微孔洞。当应力集中大于界面结合力或粒子断裂强度时[89]，这些微孔洞便形核于细小的 M/A 岛或碳化物等第二相粒子上，可见硬质颗粒在裂纹形核中起着重要的作用[90]。冷却路径 1 条件下得到的贝氏体铁素体基体上分布着大块 M/A 岛的粒状贝氏体组织，由于 M/A 岛尺寸较大，使得裂纹形核功大大降低；但是在

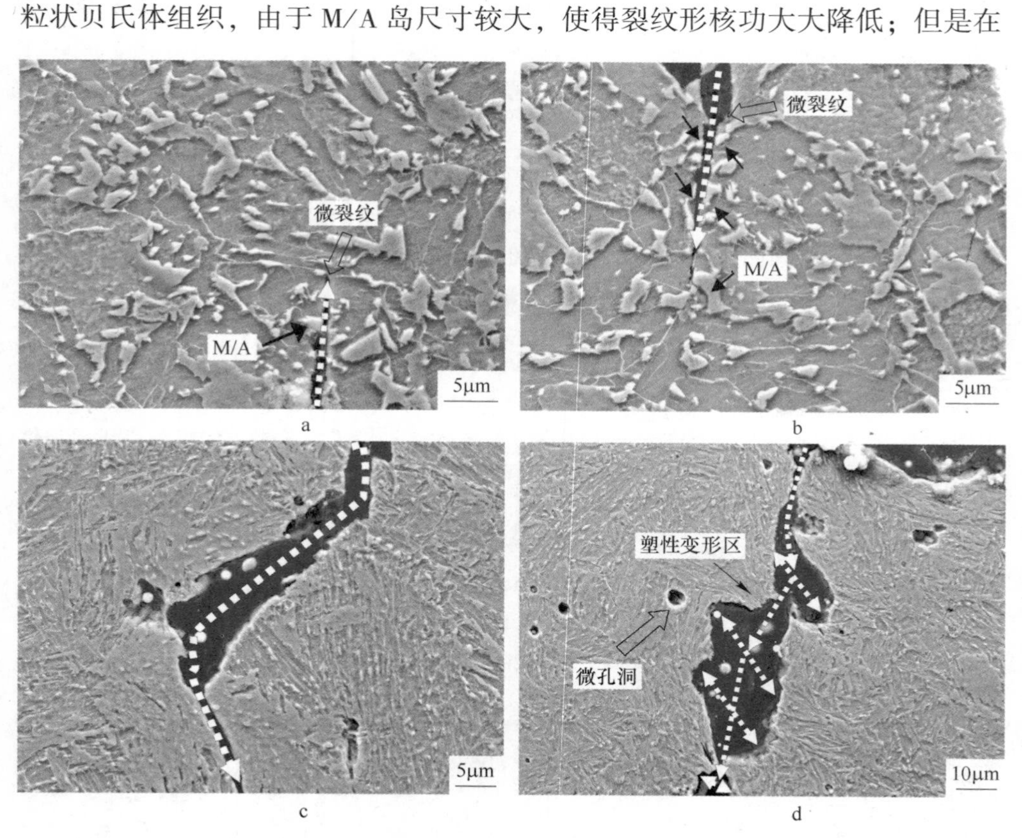

图 6-15　不同冷却路径下 CVN 冲击试样（测试温度-60℃）断口表面下方的微裂纹

a，b—冷却路径 1；c，d—冷却路径 2

冷却路径 2 条件下，由于 M/A 岛得到充分细化，使得裂纹形核功大大提高[91]。

图 6-15b 和图 6-16a 显示，裂纹主要沿着 M/A 岛和基体界面或穿过 M/A 岛扩展，且扩展路径基本呈直线型，表明小取向差贝氏体板条不能阻碍裂纹的扩展。图 6-16a 显示，即使大角晶界也未能阻碍裂纹扩展，这可能与大角晶界处分布的大块 M/A 岛有关，致使局部应力集中而诱发微裂纹，两裂纹相互连接而形成大的解理裂纹，呈现大角晶界不能有效阻碍裂纹扩展现象。图 6-17a 也显示，由于大块 M/A 岛可能分布于原奥氏体晶界处，使得微裂纹 A 和微裂纹 B 分别形核并扩展，这样微裂纹 A 和微裂纹 B 仅需要扩展很短的距离便可以相互连接而形成大的裂纹，导致试样迅速断裂。所以在冷却路径 1 条件下，一方面，大量大块 M/A 岛的存在使微裂纹在 M/A 岛处相互连接而迅速扩展；另一方面，小取向差贝氏体板条不能有效阻碍裂纹扩展，使得裂纹扩展功大大降低。

但是，对于冷却路径 2 条件下的实验钢来说，在冲击过程中发生韧窝型断裂，这种断裂分为三个阶段，即微孔的形核、第二阶段和第三阶段微孔的长大[92]。图 6-16b 显示，微孔周围存在大量的彼此间取向差较大的铁素体板条，微孔长大过程中并未沿着板条界而是穿过板条界长大，且通常发生转向，

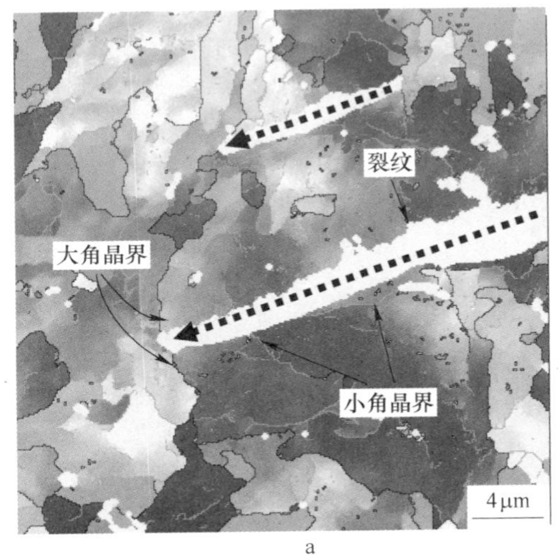

a

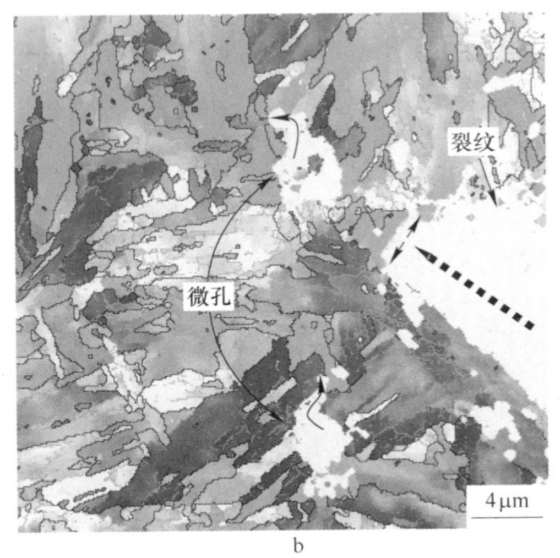

b

图 6-16 不同冷却路径下 CVN 冲击试样（测试温度-60℃）断口表面下方的取向图

a—冷却路径 1；b—冷却路径 2

所以在微孔长大过程中伴随周围基体的塑性变形[92]。在微孔长大的最后阶段，通过不同尺寸的微孔相互连接而形成裂纹，见图 6-15d，且在微孔相互连接处存在明显的塑性变形，最终导致断裂。图 6-17b 显示，基体上存在一些平直裂纹，但这些平直裂纹在遇到其他取向的板条或贝氏体铁素体基体上分布着细化 M/A 的粒状贝氏体时会发生转向，见图 6-15c，且裂纹通常穿过铁素体板条扩展，同时在转向处发生明显的塑性变形。所以，在冷却路径 2 条件下，由于超快速冷却促进大取向差板条贝氏体的形成和细化 M/A 岛，使得裂纹扩展功大大提高。

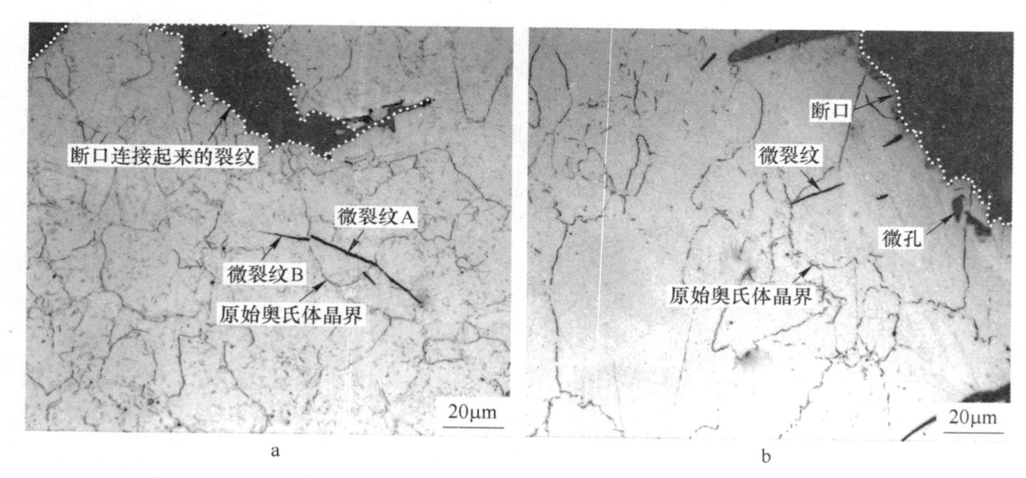

图 6-17 不同冷却路径下 CVN 冲击试样（测试温度-60℃）断口表面下方的微裂纹

a—冷却路径 1；b—冷却路径 2

7 基于新一代 TMCP 的工业化应用

7.1 引言

前述基本理论研究结果表明，冷却速度的提高使控轧控冷中热轧钢材的物理冶金规律发生明显的变化，在掌握这些基本的物理冶金规律基础上，将实验室研究成果用于工业实践，并取得了较好的工业化应用效果。

根据现场实际情况，对热轧过程和水冷过程进行精确控制，实现了低成本高性能钢材的工业化生产，并实现批量供货。

7.2 低成本低合金钢生产

7.2.1 低成本 Q460 工业生产

依据新一代 TMCP 的技术特点，进行减量化成分设计，采用 C-Mn-Nb-Ti 系实现了 20mm 厚 Q460 的工业化生产，采用 C-Mn-Nb-V-Ti 系实现了 38mm 厚 Q460 的工业化生产。

20mm 厚钢板的光学显微组织如图 7-1 所示。图 7-1 显示，钢板心部的组织主要为细小的准多边形铁素体、针状铁素体和珠光体。

钢板的典型力学性能如表 7-1 所示。表 7-1 显示，在减量化成分设计的基础上，采用新一代 TMCP 实现了 20mm 厚 Q460 级别钢材的工业化生产。

38mm 厚钢板的光学显微组织如图 7-2 所示。图 7-2 显示，钢板心部的组织主要为细小的准多边形铁素体、针状铁素体和珠光体。

钢板的典型力学性能如表 7-2 所示。表 7-2 显示，在减量化成分设计的基础上，采用新一代 TMCP 实现了 38mm 厚 Q460 级别钢材的工业化生产。

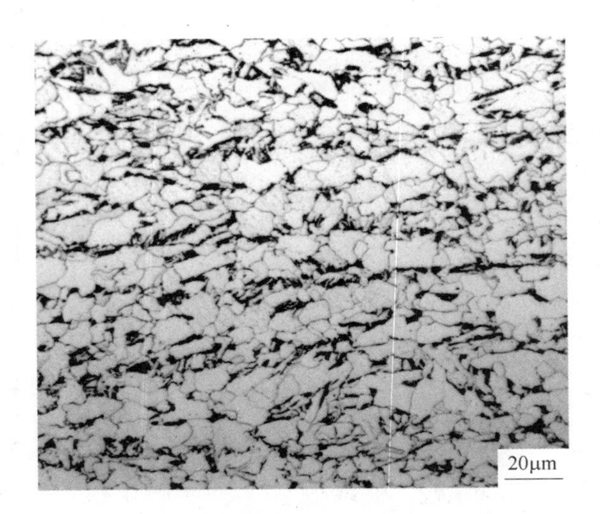

图 7-1 20mm 厚钢板厚向 1/4 位置的光学显微组织

表 7-1 钢板的力学性能

项 目	屈服强度/MPa	抗拉强度/MPa	屈强比	伸长率/%	A_{kv}(-40℃)/J
试制钢板	492	594	0.83	21.8	273
Q460	[450, 590]	[550, 720]	≤0.85	≥17	

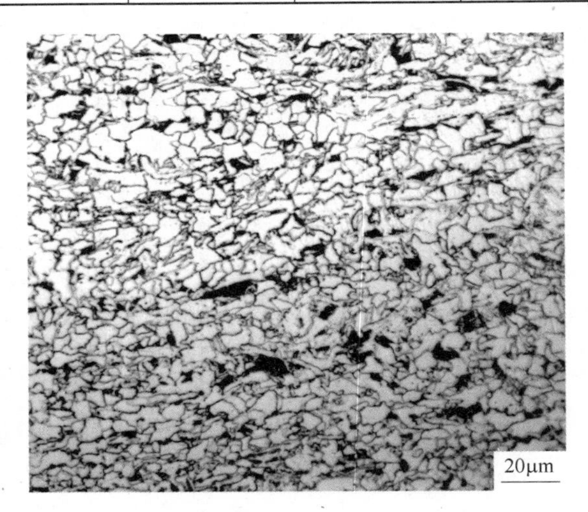

图 7-2 38mm 厚钢板厚向 1/4 位置的光学显微组织

表 7-2 钢板的力学性能

项 目	屈服强度/MPa	抗拉强度/MPa	屈强比	伸长率/%	A_{kv}(-40℃)/J
试制钢板	487	579	0.84	20.8	273
Q460	[450, 590]	[550, 720]	≤0.85	≥17	

7.2.2 低成本 Q345 工业生产

基于超快速冷却技术实现了低成本 Q345 的工业化生产，厚度≤40mm 的 Q345，Mn 含量（质量分数）降低至 0.80%~1.20%，取消微合金元素 Nb 的添加；厚度>40mm 的 Q345，均不添加任何微合金元素。国内外厚度≤40mm 的 Q345 的 Mn 含量均为 1.30%~1.60%；厚度>40mm 的 Q345 均添加 0.02% 的 Nb。

钢板厚向 1/4 位置的光学显微组织如图 7-3 所示。图 7-3 显示，组织由细小的铁素体和珠光体组成。

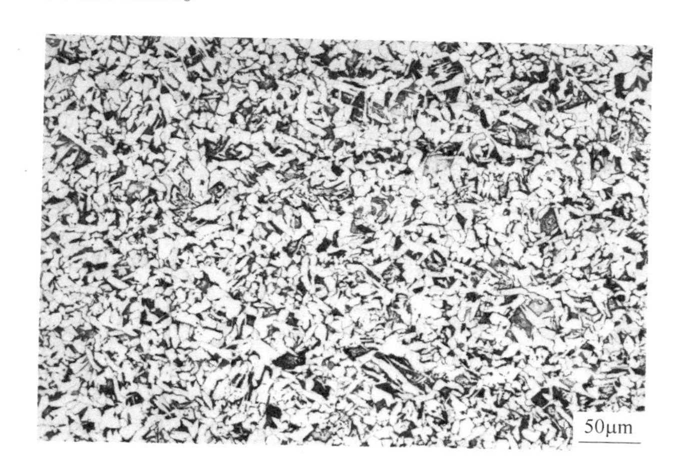

图 7-3 厚向 1/4 位置的光学显微组织

钢板的力学性能如表 7-3 所示。表 7-3 显示，钢板的力学性能满足 Q345 的要求，且钢板性能的波动性比较小。

表 7-3 钢板的力学性能

编号	屈服强度/MPa	抗拉强度/MPa	伸长率/%	屈强比
9208	392	539	29.8	0.73
9209	401	542	29.3	0.74
9210	383	532	32.1	0.72
9211	421	561	31.0	0.75
9212	409	553	30.3	0.74
Q345	≥325	470~630	≥20	

7.3 低成本船板用钢生产

7.3.1 AH32升级AH36

采用UFC+ACC的冷却路径控制策略来进行船板AH32升级AH36的调试实验。工艺要点：(1) 精确控制出UFC温度和返红温度；(2) 终轧温度不低于900℃以保证表面质量。

AH32升级轧制工艺进行了多次现场调试和生产；表7-4和表7-5分别给出了工业调试的化学成分和实验结果，板坯厚度规格为20~30mm。

表7-4 实验钢化学成分 (质量分数,%)

熔炼号	C	Si	Mn	Nb	Ti
116D2193	0.1~0.3	0.1~0.2	≤1.25	≤0.037	≤0.012

表7-5 实验钢力学性能

批号	拉伸			K_{V2}/J			
	R_{eH}/MPa	R_m/MPa	A/%	1	2	3	Mean
7480	391	506	29.5	251	257	262	257
7482	425	538	21.5	226	251	236	238
7483	382	503	23	269	264	258	264
7484	412	517	24	239	224	197	220
7485	409	523	26.5	273	289	287	283
7486	405	522	23	137	113	126	125
7488	404	514	25.5	260	290	187	246

图7-4给出了批号7480所对应的表面金相组织，可以看出，表面出现了部分准多边形铁素体，该组织使得强度和塑性得到显著提高。所获得的力学性能完全能够满足AH36的要求，且工艺稳定性较高。

7.3.2 低成本AH32

参照AH32升级AH36的实验结果，对AH32实验钢成分进行了减量化设计，将Nb的成分从0.04%左右降低至0.01%左右，甚至取消了钢中的Nb。

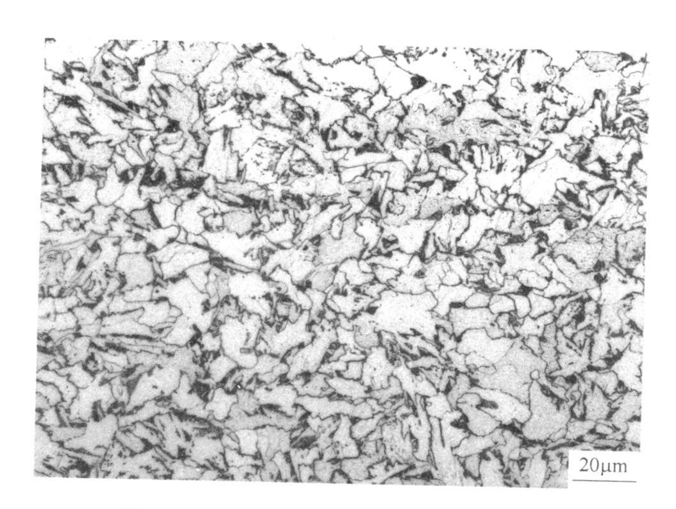

图 7-4 批号 7480 所对应的表面金相组织

在 4300 宽厚板轧机上采用该成分生产 AH32 船板钢进行了超快冷试制和生产。

表 7-6 给出了实验钢的化学成分。

表 7-6 实验钢化学成分 （质量分数，%）

C	Si	Mn	Nb	Ti
0.1~0.3	0.1~0.2	≤1.25	≤0.012	≤0.01

表 7-7 给出了相应坯料的控制工艺结果和力学性能。

表 7-7 实验钢工艺及性能

批 号	厚度/mm	开/终轧温度/℃	R_{eH}/MPa	R_m/MPa	A/%	K_{V2}(0℃)/J
3214084800	24.5	950/920	330	470	32	221
3214085000	23	910/880	365	490	29.5	221
3214084930	23	870/820	390	500	30.5	332

图 7-5 为不同终轧温度条件下的表面组织。结合表 7-7 可以看出，高温终轧的表面组织晶粒较大，随着终轧温度的降低，晶粒组织逐渐减小，强度升高。三种工艺条件下，低 Nb 成分的实验钢力学性能均满足船板 AH32 的标准要求，且稳定性高。

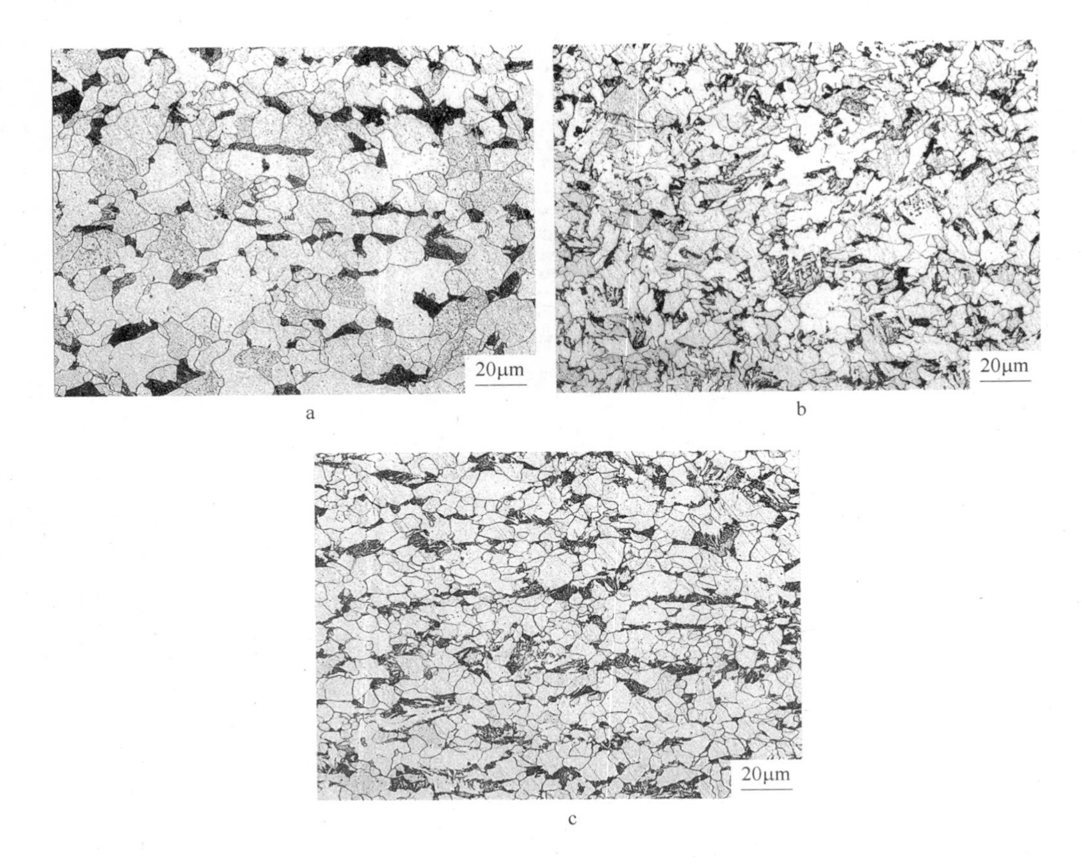

图 7-5 不同终轧温度下实验钢的组织

a—920℃；b—880℃；c—820℃

7.4 工程机械用钢生产

基于超快冷工艺的相变强化及析出强化机理，在中厚板生产线进行了批量工业生产，其热轧产品厚度规格为不大于 50mm，且成分中未添加合金元素钼，大大降低了实验钢的合金成本。

钢板厚向 1/4 位置的光学显微组织如图 7-6 所示。图 7-6 显示，组织由细小的针状铁素体及贝氏体组织组成。透射电镜下观察到的贝氏体板条束及组织中的纳米析出物如图 7-7 所示。

钢板的力学性能如表 7-8 与表 7-9 所示。钢板的力学性能满足 Q550 和 Q690 的要求，且低温冲击功较高。

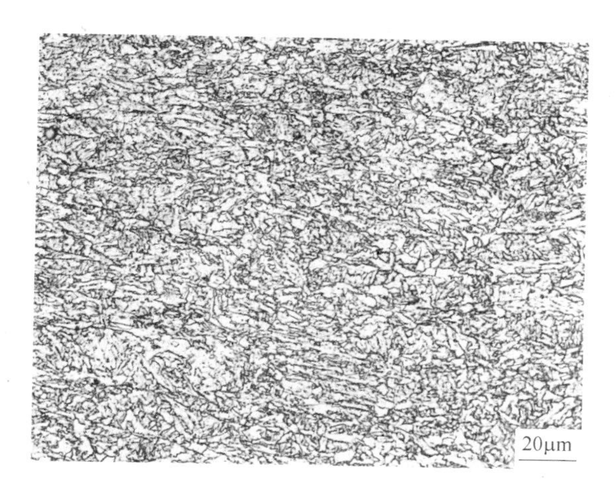

图 7-6 厚向 1/4 位置的光学显微组织

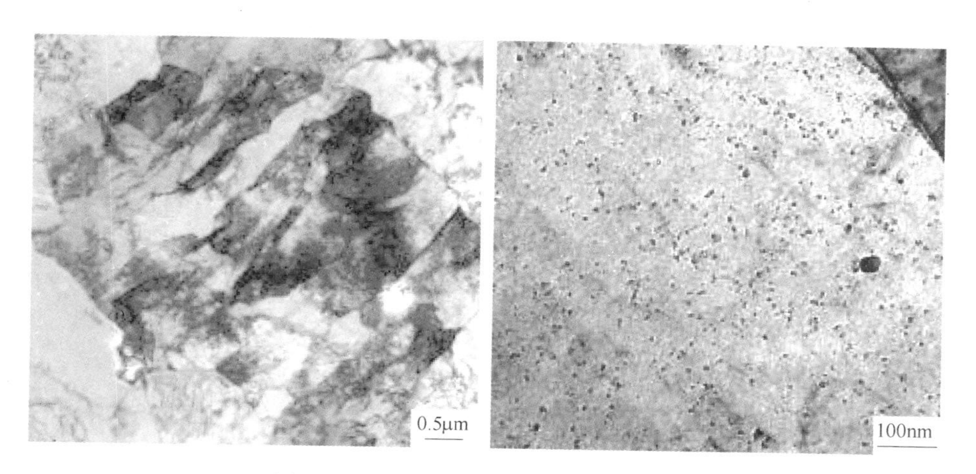

图 7-7 透射电镜下的组织与析出物形貌

表 7-8 钢板的力学性能（Q550）

厚　度/mm	屈服强度/MPa	抗拉强度/MPa	伸长率/%	冲击功（-20℃）/J
25	650	755	21.0	229
30	611	726	18.0	220
40	650	755	21.0	224
50	640	765	21.0	221
Q550	≥550	670～830	≥16	≥47

表 7-9 钢板的力学性能（Q690）

厚 度/mm	屈服强度/MPa	抗拉强度/MPa	伸长率/%	冲击功（-20℃）/J
25	850	890	22.0	150
40	850	870	21.0	160
Q690	≥690	770~940	≥16	≥47

7.5 高性能Q690qENH桥梁钢生产

根据超快速冷却对奥氏体组织及相变行为的影响规律，对原高性能Q690qENH桥梁钢进行了减量化成分设计，Mo含量降低了0.22%，同时实现了厚规格高性能Q690qENH桥梁钢的TMCP态工业化生产，大大缩短了工艺流程，降低了生产成本，与国内外同类产品相比，吨钢成本降低约350元。

试制钢板厚向不同位置的光学显微组织如图7-8所示。图7-8a显示，试

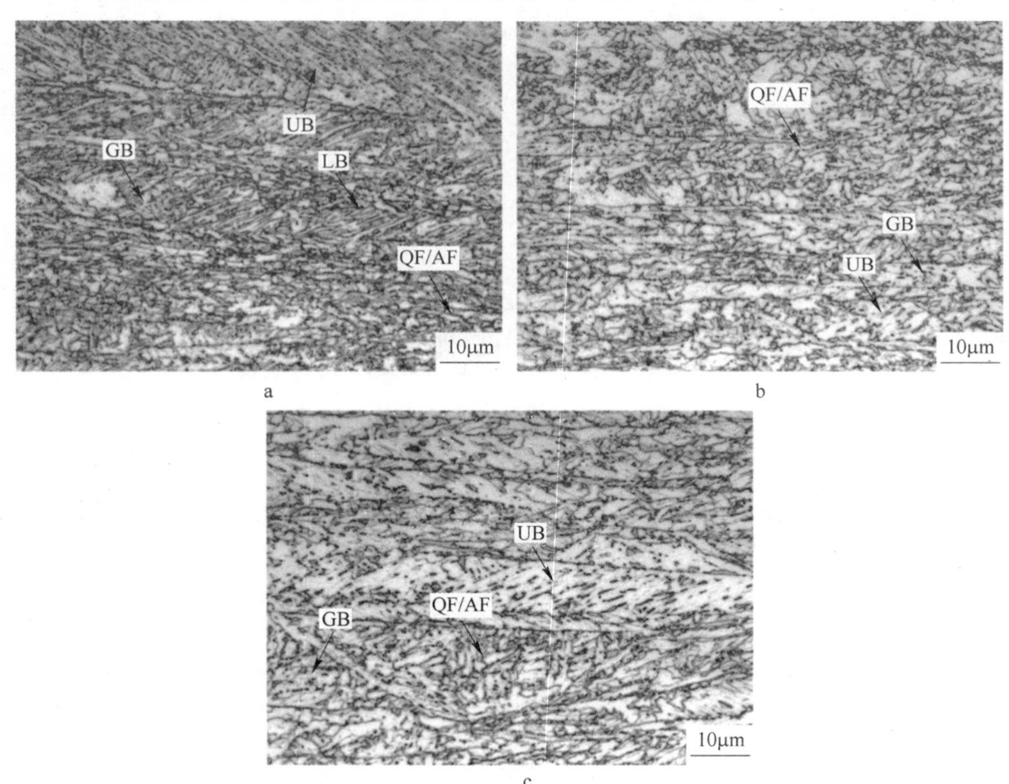

a b

c

图 7-8 热轧钢板厚度方向不同位置的光学显微组织

a—表面；b—1/4位置；c—中心位置

制钢板表面的组织主要为贝氏体组织（粒状贝氏体，GB；上贝氏体，UB；板条贝氏体，LB）和少量铁素体组织（准多边形铁素体，QF；针状铁素体，AF），且板条贝氏体含量较高。图 7-8b 显示，试制钢板厚向 1/4 位置处的组织主要为粒状贝氏体和上贝氏体，存在一定量的准多边形铁素体和针状铁素体。图 7-8c 显示，试制钢板厚向 1/2 位置处的组织类型与 1/4 位置处组织类型基本一样，但形貌特征具有一定的差异性。

由于厚向的冷却速度具有一定的梯度，使试制钢板的厚向组织具有一定的差异性，在近表面大冷却速度条件下，获得了较多的板条贝氏体组织，在厚向 1/4 和 1/2 位置处，由于冷却速度的降低，未观察到明显的板条贝氏体组织。由于未再结晶区轧制变形，大大提高奥氏体的形变储存能，降低了奥氏体的淬透性，使得组织中出现一定量的细小铁素体组织，这些细小的铁素体组织可大大提高基体阻碍裂纹扩展的能力，有利于低温韧性的提高。另外，虽然基体上分布着一定量的 M/A 组织，但 M/A 组织细小，充分说明采用超快速冷却可有效细化 M/A 组织，显著改善钢材的韧性，与前述实验室研究结果一致。

试制钢板的屈服强度（*YS*）、抗拉强度（*TS*）、断后伸长率（*A*）、-40℃的 CVN 冲击吸收功（K_{V2}）和屈强比（*YR*）列于表 7-10。表 7-10 中的数据为 3 个平行试样的平均值。

表 7-10　试制钢板的力学性能

项　目	*YS*/MPa	*TS*/MPa	*A*/%	K_{V2}(-40℃)/J	*YR*
Q690qE	733	901	16.3	170.0	0.81
GB/T 714—2008	690	770	14	≥47	—

可见，根据实验室基础研究所制定的控轧控冷工艺实现了 30mm 厚热轧高性能桥梁钢 Q690qE 的工业化生产，各项力学性能满足 GB/T 714—2008 国标要求。尤其是-40℃下的 CVN 冲击吸收功达到了 170J，远大于 GB/T 714—2008 国标规定的 47J。轧后采用超快速冷却，一方面，大大细化 M/A 组织，使得裂纹形核功大大提高；另一方面，细小的基体组织可有效阻碍裂纹的扩展，进而使试制钢板保持了较高的低温冲击韧度。另外，我们还注意到，试制钢板具有较低的屈强比，屈强比低于 0.85。主要是由于试制钢板的组织由多类型组织构成，软相主要为 QF、AF 和 GF，硬相主要为 LB 和 M/A 组织，很好地实现了软硬相的匹配，进而获得了较低的屈强比。

参考文献

[1] 王国栋. 新一代 TMCP 技术的发展 [J]. 中国冶金, 2012, 22 (12): 1~5.

[2] 刘振宇, 唐帅, 周晓光, 等. 新一代 TMCP 工艺下热轧钢材显微组织的基本原理 [J]. 中国冶金, 2013, 23 (4): 10~16.

[3] 王国栋. 新一代 TMCP 技术的发展 [J]. 轧钢, 2012, 29 (1): 1~8.

[4] 王国栋. 新一代控制轧制和控制冷却技术与创新的热轧过程 [J]. 东北大学学报 (自然科学版), 2009, 30 (7): 913~922.

[5] 王国栋. 以超快速冷却为核心的新一代 TMCP 技术 [J]. 上海金属, 2008, 30 (2): 1~5.

[6] Cox S D, Hardy S J, Parker D J. Influence of runout table operation setup on hot strip quality, subject to initial strip condition: heat transfer issues [J]. Ironmaking and Steelmaking, 2001, 28 (5): 363~372.

[7] Bhattacharya P, Samanta A N, Chakraborty S. Spray evaporative cooling to achieve ultra fast cooling in runout table [J]. International Journal of Thermal Sciences, 2009, 48 (9): 1741~1747.

[8] Buzzichelli G, Anelli E. Present status and perspectives of European research in the field of advanced structural steels [J]. ISIJ International, 2002, 42 (12): 1354~1363.

[9] 刘相华, 余广夫, 焦景民, 等. 超快速冷却装置及其在新品种开发中的应用 [J]. 钢铁, 2004, 39 (8): 71~74.

[10] 田勇, 王丙兴, 袁国, 等. 基于超快冷技术的新一代中厚板轧后冷却工艺 [J]. 中国冶金, 2013, 23 (4): 17~20, 34.

[11] Sun Y K, Wu D. Effect of ultra-fast cooling on microstructure of large section bars of bearing steel [J]. Journal of Iron and Steel Research, International, 2009, 16 (5): 61~65, 80.

[12] Tian Y, Tang S, Wang B X, et al. Development and industrial application of ultra-fast cooling technology [J]. Science China Technological Sciences, 2012, 55 (6): 1566~1571.

[13] Ghosh A, Das S, Chatterjee S, et al. Effect of cooling rate on structure and properties of an ultra-low carbon HSLA-100 grade steel [J]. Materials Characterization, 2006, 56 (1): 59~65.

[14] Lucas A, Simon P, Bourdon G, et al. Metallurgical aspects of ultra fast cooling in front of the down-coiler [J]. Steel Research, 2004, 75 (2): 139~146.

[15] Herman J C. Impact of new rolling and cooling technologies on thermomechanically processed steels [J]. Ironmaking and Steelmaking, 2001, 28 (2): 159~163.

[16] 彭良贵，刘相华，王国栋．超快冷却技术的发展［J］．轧钢，2004，21（1）：1~3.

[17] 付天亮，王昭东，袁国，等．中厚板轧后超快冷综合换热系数模型的建立及应用［J］．轧钢，2010，27（1）：11~15.

[18] 王国栋，姚圣杰．超快速冷却工艺及其工业化实践［J］．鞍钢技术，2009，6：1~5.

[19] 王昭东，袁国，王国栋，等．热带钢超快速冷却条件下的对流换热系数研究［J］．钢铁，2006，41（7）：54~56，64.

[20] 袁国，李海军，王昭东，等．热轧带钢新一代 TMCP 技术的开发与应用［J］．中国冶金，2013，23（4）：21~26.

[21] Leeuwen Y V，Onink M，Sietsma J，et al. The γ−α transformation kinetics of low carbon steels under ultra fast cooling conditions［J］. ISIJ International，2001，41（9）：1037~1046.

[22] 小俣一夫，吉村洋，山本定弘．高度な製造技術で応える高品質高性能厚鋼板［J］．NKK 技報，2002，179：57~62.

[23] Nishimura K，Matsui K，Tsumura N. High performance steel plates for bridge construction−high strength steel plates with excellent weldability realizing advanced design for rationalized fabrication of bridges［J］. JFE Technical Report，2005，5：30~36.

[24] Fujibayashi A，Omata K. JFE steel's advanced manufacturing technologies for high performance steel plates［J］. JFE Technical Report，2005，5：10~15.

[25] Nishida S I，Matsuoka T，Wada T. Technology and products of JFE steel's three plate mills［J］. JFE Technical Report，2005，5：1~9.

[26] Deshimaru S，Takahashi K，Endo S，et al. Steels for production，transportation，and storage of energy［J］. JFE Technical Report，2004，2：55~67.

[27] Simon P，Fischbach J P，Riche P. Ultra−fast cooling on the run−out table of the hot strip mill［J］. Revue de Metallurgie− Cahiers d Informations Techniques，1996，93（3）：409~415.

[28] 王国栋．TMCP 技术的新进展−柔性化在线热处理技术与装备［J］．轧钢，2010，27（2）：1~6.

[29] Beladi H，P. Cizek，P. D. Hodgson. The mechanism of metadynamic softening in austenite after complete dynamic recrystallization［J］. Scripta Materialia，2010，62（4）：191~194.

[30] Roucoules C，Hodgson P D，Yue S，et al. Softening and microstructural change following the dynamic recrystallization of austenite［J］. Metallurgical and Materials Transactions A，1994，25（2）：389~400.

[31] Sakai T，Ohashi M，Chiba K，et al. Recovery and recrystallization of polycrystalline nickel after hot working［J］. Acta Metallurgica，1988，36（7）：1781~1790.

[32] Lee S J，Lee Y K. Prediction of austenite grain growth during austenitization of low alloy steels

[J]. Materials and Design, 2008, 29 (9): 1840~1844.

[33] Enomoto M, White C L, Aaronson H I. Evaluation of the effects of segregation on austenite grain boundary energy in Fe-C-X alloys [J]. Metallurgical Transactions A, 1988, 19 (7): 1807~1818.

[34] Chen J K, Vandermeer R A, Reynolds W T. Effects of alloying elements upon austenite decomposition in low-C steels [J]. Metallurgical and Materials Transactions A, 1994, 25 (7): 1367~1379.

[35] Ohtsuka H, Ghosh G, Nagai K. Effects of Cu on diffusional transformation behavior and microstructure in Fe-Mn-Si-C steels [J]. ISIJ International, 1997, 37 (3): 296~301.

[36] Roy S, Chakrabarti D, Dey G K. Austenite grain structures in Ti- and Nb-containing high-strength low-alloy steel during slab reheating [J]. Metallurgical and Materials transactions A, 2013, 44 (2): 717~728.

[37] Arribas M, López B, Rodriguez-Ibabe J M. Additional grain refinement in recrystallization controlled rolling of Ti-microalloyed steels processed by near-net-shape casting technology [J]. Materials Science and Engineering A, 2008, 485 (1~2): 383~394.

[38] Poliak E I, Jonas J J. A one-parameter approach to determining the critical conditions for the initiation of dynamic recrystallization [J]. Acta Materialia, 1996, 44 (1): 127~136.

[39] Poliak E I, Jonas J J. Initiation of dynamic recrystallization in constant strain rate hot deformation [J]. ISIJ International, 2003, 43 (5): 684~691.

[40] Poliak E I, Jonas J J. Critical strain for dynamic recrystallization in variable strain rate hot deformation [J]. ISIJ International, 2003, 43 (5): 692~700.

[41] Stewart G R, Jonas J J, Montheillet F. Kinetics and critical conditions for the initiation of dynamic recrystallization in 304 stainless steel [J]. ISIJ International, 2004, 44 (9): 1581~1589.

[42] Zurob H S, Brechet Y, Purdy G. A model for the competition of precipitation and recrystallization in deformed austenite [J]. Acta Materialia, 2001, 49 (20): 4183~4190.

[43] Zhou T H, O'malley R J, Zurbo H S. Study of grain-growth kinetics in delta-ferrite and austenite with application to thin-slab cast direct-rolling microalloyed steels [J]. Metallurgical and Materials Transactions A, 2010, 41 (8): 2112~2120.

[44] Fernάndez A I, Uranga P, López B, et al. Dynamic recrystallization behavior covering a wide austenite grain size range in Nb and Nb-Ti microalloyed steels [J]. Materials Science and Engineering A, 2003, 361 (1~2): 367~376.

[45] Hodgson P D, Gibbs R K. A mathematical model to predict the mechanical properties of hot

rolled C-Mn and microalloyed steels [J]. ISIJ International, 1992, 32 (12): 1329~1338.

[46] Jung K H, Lee H W, Im Y T. Numerical prediction of austenite grain size in a bar rolling process using an evolution model based on a hot compression test [J]. Materials Science and Engineering A, 2009, 519 (1~2): 94~104.

[47] Cho S H, Kang K B, Jonas J J. The dynamic, static and metadynamic recrystallization of a Nb-microalloyed steel [J]. ISIJ International, 2001, 41 (1): 63~69.

[48] Maccagno T M, Jonas J J, Hodgson P D. Spreadsheet modelling of grain size evolution during rod rolling [J]. ISIJ International, 1996, 36 (6): 720~728.

[49] Gómez M, Rancel L, Medina S F. Effects of aluminium and nitrogen on static recrystallization in V-microalloyed steels [J]. Materials Science and Engineering A, 2009, 506 (1~2): 165~173.

[50] Dehghan-manshadi A, Jonas J J, Hodgson P D, et al. Correlation between the deformation and post deformation softening behaviors in hot worked austenite [J]. ISIJ International, 2008, 48 (2): 208~211.

[51] Chen F, Cui Z S, Sui D S, et al. Recrystallization of 30Cr2Ni4MoV ultra-super-critical rotor steel during hot deformation. Part Ⅲ: Metadynamic recrystallization [J]. Materials Science and Engineering A, 2012, 540: 46~54.

[52] Lin Y C, Chen M S, Zhong J. Study of metadynamic recrystallization behaviors in a low alloy steel [J]. Journal of Materials Processing Technology, 2009, 209 (5): 2477~2482.

[53] Roucoules C, Yue S, Jonas J J. Effect of alloying elements on metadynamic recrystallization in HSLA steels [J]. Metallurgical and Materials Transactions A, 1995, 26 (1): 181~190.

[54] Bowden J W, Samuel F H, Jonas J J. Effect of interpass time on austenite grain refinement by means of dynamic recrystallization of austenite [J]. Metallurgical Transactions A, 1991, 22 (12): 2947~2957.

[55] Weiss I, Jonas J J. Interaction between recrystallization and precipitation during the high temperature deformation of HSLA steels [J]. Metallurgical Transactions A, 1979, 10 (7): 831~840.

[56] Akben M G, Weiss I, Jonas J J. Dynamic precipitation and solute hardening in a V microalloyed steel and two Nb steels containing high levels of Mn [J]. Acta Metallurgica, 1981, 29 (1): 111~121.

[57] Yen H W, Chen P Y, Huang C Y, et al. Interphase precipitation of nanometer-sized carbides in a titanium-molybdenum-bearing low-carbon steel [J]. Acta Materialia, 2011, 59: 6264~6274.

[58] Okamoto R, Borgenstam A, Ågren J. Interphase precipitation in niobium-microalloyed steels [J]. Acta Materialia, 2010, 58: 4783~4790.

[59] Bevis H. Different roles for vanadium as a microalloying element in structural steels [J]. Journal of Iron and Steel Research, International, 2011, 18 (s1~1): 29~38.

[60] Hong S G, Kang K B, Park C G. Strain-induced precipitation of NbC in Nb and Nb-Ti microalloyed HSLA steels [J]. Scripta Materialia, 2002, 46 (2): 163~168.

[61] Park S H, Yue S, Jonas J J. Continuous-cooling-precipitation kinetics of Nb (C, N) in high-strength low-alloy steels [J]. Metallurgical Transactions A, 1992, 23 (6): 1641~1651.

[62] Dutta B, Sellars C M. Effect of composition and process variables on Nb (C, N) precipitation in niobium microalloyed austenite [J]. Materials Science and Technology, 1987, 3 (3): 197~206.

[63] Irvine K J, Pickering F B, Gladman T. Grain-refined C-Mn steels [J]. Journal of the Iron and Steel Institute, 1967, 205: 161~182.

[64] Umemoto M, Horiuchi K, Tamura I. Pearlite transformation during continuous cooling and its relation to isothermal transformation [J]. Transactions of the Iron and Steel Institute of Japan, 1983, 23 (8): 690~695.

[65] Lagneborg R, Zajac S. A model for interphase precipitation in V-microalloyed structural steels [J]. Metallurgical and Materials Transactions A, 2001, 32 (1): 39~50.

[66] Funakawa Y, Shiozaki T, Tomita K, et al. Development of high strength hot-rolled sheet consisting of ferrite and nanometer-sized carbides [J]. ISIJ International, 2004, 44 (11): 1945~1951.

[67] Pickering F B. Physical metallurgy and the design of steels [M]. Applied Science Publishing Ltd., London, 1978, 63.

[68] Taylor K A. Solubility products for Titanium-, vanadium-, and niobium-carbides on ferrite [J]. Scripta Metallurgica Materialia, 1995, 32 (1): 7~12.

[69] Misra R D K, Nathani H, Hartmann J E, et al. Microstructural evolution in a new 770 MPa hot rolled Nb-Ti microalloyed steel [J]. Materials Science and Engineering A, 394 (1~2): 339~352.

[70] Brito R M, Kestenbach H J. On the dispersion hardening potential of interphase precipitation in micro-alloyed niobium steel [J]. Journal of Materials Science, 1981, 16 (5): 1257~1263.

[71] Mazancovǘ E, Mazanec K. Physical metallurgy characteristics of the M/A constituent formation in granular bainite [J]. Journal of Materials Processing Technology, 1997, 64 (1~3): 287~292.

[72] Capdevila C, Caballero F G, Carcía De Andrés C. Determination of Ms temperature in steels: A Bayesian neural network model [J]. ISIJ International, 2002, 42 (8): 894~902.

[73] Lee Y K. Emprical formula of isothermal bainite start temperature of steels [J]. Journal of Materials Letters, 2002, 21 (16): 1253~1255.

[74] Zhang M X, Kelly P M. Accurate orientation relationship between ferrite and austenite in low carbon martensite and granular bainite [J]. Scripta Materialia, 2002, 47 (11): 749~755.

[75] Bhadeshia H K D H. The bainite transformation: unresolved issues [J]. Materials Science and Engineering A, 1999, 273~275: 58~66.

[76] Bhadeshia H K D H. A rationalization of shear transformation in steels [J]. Acta Metallurgica, 1981, 29 (6): 1117~1130.

[77] Aaronson H I, Domain H A, Pound G M. Thermodynamics of the austenite proeutectoid ferrite transformation I, Fe-C-X alloys [J]. Transactions of the Metallurgical Society of AIME, 1966, 236 (5): 753~767.

[78] Lacher J R. Proc. The statistics of the hydrogen-palladium system [J]. Mathematical Proceedings of the Cambridge Philosophical Society, 1937, 33 (4): 518~523.

[79] Fowler R H, Guggenheim E A. Statistical Thermodynamics [M]. New York: Cambridge University Press, 1939.

[80] 彭宁琦，唐广波，刘正东，等. Fe-$\sum X_i$-C 合金系超组元模型 Zener 两参数修正 [J]. 金属学报，2009，45 (3): 331~337.

[81] Ishida K. Calculation of the effect of alloying elements on the M_s temperature in steels [J]. Journal of Alloys and Compounds, 1995, 220 (1~2): 126~131.

[82] Kitahara H, Ueji R, Ueda M, et al. Crystallographic analysis of plate martensite in Fe-28.5 at.% Ni by FE-SEM/EBSD [J]. Materials Characterization, 2005, 54 (4~5): 378~386.

[83] Wei L Y, Nelson T W. Influence of heat input on post weld microstructure and mechanical properties of friction stir welded HSLA-65 steel [J]. Materials Science and Engineering A, 2012, 556: 51~59.

[84] Abbasi M, Nelson T W, Sorensen C D, et al. An approach to prior austenite reconstruction [J]. Materials Characterization, 2012, 66: 1~8.

[85] Klueh R L, Alexander D J. Effect of heat treatment and irradiation temperature o impact properties of Cr-W-V ferritic steels [J]. Journal of Nuclear Materials, 1999, 265 (3): 262~272.

[86] Wang S C, Hsieh R I, Liou H Y, et al. The effects of rolling processes on the microstructure and mechanical properties of ultralow carbon bainitic steels [J]. Materials Science and Engineering A, 1992, 157 (1): 29~36.

[87] 缪成亮，尚成嘉，王学敏，等. 高 Nb X80 管线钢焊接热影响区显微组织与韧性 [J]. 金属学报，2010，46 (5)：541~546.

[88] Kim S, Lee S, Lee B S. Effects of grain size on fracture toughness in transition temperature region of Mn-Mo-Ni low-alloy steels [J]. Materials Science and Engineering A, 2003, 359 (1~2): 198~209.

[89] Goods S H, Brown L M. Overview No. 1: The nucleation of cavities by plastic deformation [J]. Acta Metallurgica, 1979, 27 (1): 1~15.

[90] Broek D. The role of inclusions in ductile fracture and fracture toughness [J]. Engineering Fracture Mechanics, 1973, 5 (1): 55~66.

[91] Tian D W, Karjalainen L P, Qian B N, et al. Cleavage fracture model for granular bainite in simulated coarse-grained heat-affected zones of high-strength low-alloyed steels [J]. JSME International Journal. Series A, Mechanics and Materials Engineering, 1997, 40 (2): 179~188.

[92] Rizal S, Homma H. Dimple fracture under short pulse loading [J]. International Journal of Impact Engineering, 2000, 24 (1): 69~83.

RAL · NEU 研究报告
（截至 2015 年）

No. 0001　大热输入焊接用钢组织控制技术研究与应用

No. 0002　850mm 不锈钢两级自动化控制系统研究与应用

No. 0003　1450mm 酸洗冷连轧机组自动化控制系统研究与应用

No. 0004　钢中微合金元素析出及组织性能控制

No. 0005　高品质电工钢的研究与开发

No. 0006　新一代 TMCP 技术在钢管热处理工艺与设备中的应用研究

No. 0007　真空制坯复合轧制技术与工艺

No. 0008　高强度低合金耐磨钢研制开发与工业化应用

No. 0009　热轧中厚板新一代 TMCP 技术研究与应用

No. 0010　中厚板连续热处理关键技术研究与应用

No. 0011　冷轧润滑系统设计理论及混合润滑机理研究

No. 0012　基于超快冷技术含 Nb 钢组织性能控制及应用

No. 0013　奥氏体-铁素体相变动力学研究

No. 0014　高合金材料热加工图及组织演变

No. 0015　中厚板平面形状控制模型研究与工业实践

No. 0016　轴承钢超快速冷却技术研究与开发

No. 0017　高品质电工钢薄带连铸制造理论与工艺技术研究

No. 0018　热轧双相钢先进生产工艺研究与开发

No. 0019　点焊冲击性能测试技术与设备

No. 0020　新一代 TMCP 条件下热轧钢材组织性能调控基本规律及典型应用

No. 0021　热轧板带钢新一代 TMCP 工艺与装备技术开发及应用

（2016 年待续）

双峰检